巧妙的住宅室内设计与应用研究

——以日本住宅为例

武秀娥 著

北京工业大学出版社

图书在版编目（CIP）数据

巧妙的住宅室内设计与应用研究：以日本住宅为例 / 武秀娥著 . — 北京：北京工业大学出版社，2018.5
 ISBN 978-7-5639-6267-9

Ⅰ．①巧… Ⅱ．①武… Ⅲ．①住宅－室内装饰设计－研究 Ⅳ．① TU241

中国版本图书馆 CIP 数据核字（2018）第 148759 号

巧妙的住宅室内设计与应用研究——以日本住宅为例

著　　者：	武秀娥
责任编辑：	张　贤
封面设计：	优盛文化
出版发行：	北京工业大学出版社
	（北京市朝阳区平乐园 100 号　邮编：100124）
	010-67391722（传真）　bgdcbs@sina.com
出 版 人：	郝　勇
经销单位：	全国各地新华书店
承印单位：	定州启航印刷有限公司
开　　本：	710mm×1000mm　1/16
印　　张：	14.75
字　　数：	285 千字
版　　次：	2019 年 3 月第 1 版
印　　次：	2019 年 3 月第 1 次印刷
标准书号：	ISBN 978-7-5639-6267-9
定　　价：	52.00 元

版权所有　翻印必究

（如发现印装质量问题，请寄本社发行部调换 010-67391106）

前言
PREFACE

　　20世纪六七十年代之后，随着现代主义建筑运动的兴起，室内设计从依附于建筑的简单室内装饰走向了真正意义上的现代室内空间设计，从传统的二维空间模式设计转变成了具有创新意义和个人化特色的思维空间模式创作，开始成为一门独立的专业。随着时代的进步和生活水平的不断提高，家的概念被物化为房子或住宅，当下人们对美好生活的希望也全部填充其中，所以对室内住宅设计的需求越来越全面和个性化，由此促进了室内住宅设计行业的不断发展和更新。但通常情况下，室内住宅设计会受到建筑场地、家庭成员构成及生活方式的影响，或是设计师不能完全了解户主的生活习惯和需求，不尽如人意的设计成品时有出现。室内住宅设计发展到今天，已然成为一门综合性的艺术设计门类，成为一种时间和空间两者综合的时空艺术整体表现形式，其精髓在于室内空间总体氛围的营造。伴随着室内设计与住宅设计专业迅猛的发展势头，我国相关的学术探讨和书籍出版也十分活跃。纵观这些学术项目和书籍，有关于基础入门宏观知识系统概述的，有专门研究室内设计思维方法和实践操作的，要么偏教材适用于课堂，要么为纯工具书只能拿给设计师现场用，都没能与时代需求和广大室内住宅设计爱好者的需求相联结。为此，本专著将理论知识与实践法则相结合，从纵深思考的角度出发，从生活的细节入手，介绍日本住宅设计中细致入微的功能设计和巧妙构思，在合理利用周边环境和空间的基础上，配以细腻简洁的文字和简单易懂的插图，为最了解自己住宅需求的居住者，提供实用性的室内住宅设计法则，使房间变得舒适，使优雅生活成为现实。同时，也为室内住宅设计从业者提供提升专业技能的良好途径。

　　进行设计调整，虽不能像变魔术一样，将小房子变成大房子，但仍能解决诸多问题，如增大有效居住空间，容纳你的身体、心灵和家人朋友，给你提供一个可以凛然面对一切的角落。希望本书可以引起有识之士对室内设计专业的探讨，书中存在一些疏漏之处，恳请广大专家、学者批评和指正。

作者
2018 年 4 月

目录 CONTENTS

- 第一章　室内住宅设计概述 / 001
  - 第一节　国内外室内住宅设计的基本发展 / 001
  - 第二节　室内设计的内涵、内容与空间概念 / 011
  - 第三节　室内住宅设计的目的与任务 / 036
  - 第四节　室内住宅设计的要求与原则 / 038

- 第二章　室内住宅设计的相关学科 / 049
  - 第一节　人体工程学在室内住宅设计中的运用 / 049
  - 第二节　环境心理学对住宅室内设计的影响 / 057
  - 第三节　室内物理环境设计 / 063
  - 第四节　色彩心理学的运用 / 071

- 第三章　室内住宅设计的流程 / 074
  - 第一节　室内住宅设计的基本类型 / 074
  - 第二节　室内住宅设计流程的优化设计 / 076
  - 第三节　明确户主需求 / 080
  - 第四节　制作设计方案 / 082
  - 第五节　施工图纸阶段 / 088
  - 第六节　现场调整与验收 / 095

- 第四章　日本住宅空间设计 / 097
  - 第一节　日本和室的主要风格特征 / 097
  - 第二节　融合日式住宅特色的功能区间设计 / 106
  - 第三节　日式住宅空间设计的巧妙之处——收纳空间 / 116
  - 第四节　日式小户型住宅空间设计实例 / 124

- 第五章　住宅设计与施工过程中的心态要求 / 131
  - 第一节　享受设计的过程 / 131

第二节　取消要求与推后需求 / 133
　　第三节　了解基地特点以确保采光 / 136
　　第四节　在质与量间均衡成本 / 139

第六章　增加室内空间的功能性与可变化性 / 141
　　第一节　巧妙利用间接光 / 141
　　第二节　狭窄空间的有效利用方法 / 142
　　第三节　儿童房的流动性要求 / 149
　　第四节　非日常空间的设计 / 152
　　第五节　日常参与到非日常 / 155
　　第六节　综合考虑事物外表与内涵 / 156

第七章　不追求太过便利的住宅设计 / 159
　　第一节　享受不便 / 159
　　第二节　适度追求住宅功能 / 161
　　第三节　入住"名宅" / 163
　　第四节　对于维修和工业废弃物的态度 / 169

第八章　高效利用空间 / 173
　　第一节　空间是室内生活的财富 / 173
　　第二节　住宅中的陈设物摆放 / 196
　　第三节　收纳与收纳空间管理 / 203
　　第四节　舍与得 / 205

第九章　营造优质生活氛围 / 208
　　第一节　室内照明设计 / 208
　　第二节　爱护住宅 / 219
　　第三节　创造半户外空间 / 220
　　第四节　住宅设计中的文化传承 / 225

参考文献 / 229

第一章　室内住宅设计概述

艺术设计专业是横跨艺术与科学的综合性、边缘性学科。直到20世纪80年代，我国才尝试培养全面的室内设计人才。艺术设计产生于工业文明高速发展的20世纪，具有独立知识产权的各类设计产品成为艺术设计成果的象征。艺术设计的每个专业方向在国民经济中都对应着一个庞大的产业，如建筑室内装饰设计行业、服务行业、广告与包装行业等。

室内住宅设计是艺术设计的细分领域之一。室内住宅设计是为了满足人们生活的要求而有意识地营造舒适化、理想化的内部生活空间。同时，室内住宅设计是建筑设计的有机组成部分，是建筑设计的升华和再创造。在发展之初，室内设计是从建筑专业中分离出来的，从初始阶段侧重于界面的建筑装饰，继而发展到装修与陈设设计。

第一节　国内外室内住宅设计的基本发展

一、中国室内住宅设计基本情况、历史沿革及发展趋势

（一）基本情况

我国的室内住宅设计是在20世纪90年代繁荣起来的，根据我国1994年颁布的国民经济行业分类标准GB/T4754-99，归属于建筑业中的建筑装饰装修业，其定义是：人类为了居室内部空间与相关环境达到一定的物质和精神需求，使用装饰装修材料，对居室进行装饰装修处理的建筑活动。虽然发展至今已拥有广阔的市场空间，但是目前室内住宅设计仍然处于发展的初级阶段，一些问题严重制约着行业的健康发展。

1. 行业现状

随着人们生活水平的提高和房地产行业的发展，室内住宅设计逐步成为我国的

朝阳行业。据统计，2016年全国建筑装修装饰行业完成工程总产值3.66万亿元，比2015年增加了2550亿元，增长幅度为7.5%。增长速度比2015年提升了0.5个百分点，比宏观经济增长速度提高了0.8个百分点。

从建筑装修装饰行业发展状况分析，2016年是行业落实"十三五"发展任务，克服困难、迎接挑战，取得较好发展业绩的一年。受经济结构性改革和房地产市场交易活跃影响，二手房交易带来的改造性装修装饰工程量稳步增长；新建筑装修装饰量有所回升；我国建筑装修装饰企业参与国际产能合作的能力不断增强，"走出去"的业绩大幅增长。受上述诸多因素的影响，建筑装修装饰行业全年总产值实现7.5%的增长，略高于整个宏观经济的发展速度，也略高于2015年行业的发展速度。从发展态势上分析，我国建筑装修装饰业已经触底，进入稳定的小幅回升阶段。

调查显示，二级城市中，有将近四成的消费者表示在未来10年至20年之内搬一次家或者准备换房子，准备近期购买房子的消费者约12%。另外，谈到对家庭装修的看法，将近79%的消费者表示不想投入太多的装修费用；被调查的消费者中，将近80%的人都认为家庭装修会随着时间贬值，将近43%的消费者认为，自己花很多钱投资装修，等到房子再转卖时，他人未必会全部接受，投入与回报不成正比；只有约21%的消费者觉得需要好好装修一下自己的家，并且打算长久住下去。

换个角度来看，随着人们收入的提高，很多人都有意去购买宽敞的房子，将近七八成的人愿意出钱投入在居住空间方面。在被调查的人中，将近74%都购买过家庭装饰用品、字画藏书，愿意在家中展现个人品位和风格；并且超过半数的消费者喜欢在家中点缀和摆放小物件以营造温馨的家居情趣。

2. 行业存在的问题

（1）市场不规范

广大的消费市场吸引了大批投资者，但是家装行业进入壁垒较低，行业处于低水平竞争状况。再加上整个市场不规范，造成行业内的自律水平差，相互贬损，相互拆台，恶性竞争现象十分普遍。这给市场造成了很大破坏，一部分人利用行业市场的混乱及行业内部的不规范竞争，搞垫资、代资工程，拖欠工程款，造成施工企业资金循环困难和拖欠工人工资，形成了很深的社会隐患。

（2）诚信体系缺失

高投诉率反映出行业当前的诚信体系建设现状。全国对家装投诉的记录始于1996年，当年中国消费者协会公布全国18个投诉热点，家装位居第十三位；12个对消费者权益损害最多的行业，家装名列第九位；13个发生欺诈行为最多的行业，家装位居第七位。家装遂成为我国全社会的投诉热点。由于家装业民营化程度几乎是

100%，因此又位列民营行业投诉率首位。

（3）没有资格认证

我国现有100多所高等院校、200多所中等职业学校中设有装饰设计专业（室内设计、环境艺术设计），年均毕业生约1万人。另外，已经从业的有大专以上学历而没有专业技术职称的室内设计人员有25万。学校中有此专业，社会中有此职业，而行业中却无此职称，造成从业人员水平参差不齐、设计水平与执业能力不符等问题。

（4）家装企业管理水平有限

目前，虽然很多装饰公司已经告别了纸笔时代，但公司装备的现代化设备更多用在了施工方面，在管理方面的应用可以说是微乎其微。装饰工程运作过程依然是按照传统管理模式进行，缺少对人员、材料、工程款项的系统安排；施工监理的水平直接关系到施工质量的好坏，而家装企业内部监管机制的不健全也导致了一系列问题，如现场管理不到位、施工组织计划实施不顺利等；业务部、施工部、设计部之间往往未进行必要的监管。

装饰人才特别是设计人才水平的高低，决定了装饰公司竞争能力的强弱。而装饰公司员工的流动性过大，已经成为制约家装企业发展的主要瓶颈之一。尤其是核心设计师的流失，往往伴随着大量客户和人脉资源的流失，这对装饰公司的效益乃至生存发展都造成巨大影响。

（二）历史沿革

自中华人民共和国成立以来，我国进入经济恢复时期，几乎没有涉及室内设计方面的专业。直到1958年中国十大建筑工程项目的创立，室内设计的发展才刚刚起步，"十大建筑"分别是人民大会堂、中国革命历史博物馆、中国人民革命军事博物馆、全国农业展览馆、民族文化宫、北京民族饭店、工人体育场、北京火车站、钓鱼台迎宾馆、华侨大厦，这"十大建筑"不仅是中华人民共和国成立后第一批重大建筑设计成就，同时也极大促进了中国室内设计艺术的发展。

室内设计有了初步发展，是在20世纪80年代中期，深圳等一些经济发展较早的城市有了进一步发展。最早的家装行业环境相对不成熟，一般都是一些早期的装修队，虽然技术水平有限，但是基本能满足市场需求，在行业市场上都是依赖口碑承接业务。到了后期，由于行业相关管理不够严格，施工人员从早期的家传手艺继承人员开始转变成参与过建筑工程的工人即可，随便拼凑几个人就可组成装修队承接家庭装修工作，因此在施工规范、设计等方面还很欠缺，更谈不上科学的管理和创新。但是这些装修队却占有大量市场份额，家装工程质量带来的问题越来越被人们关注。

任何一种学科的史学研究，都确立在一系列的事件上。就中国的设计艺术而言，如前所述，在近代发展阶段，中国的室内设计艺术更多是从属于西方；直到现代发展阶段，才有了中国设计艺术的萌生与振兴，并在新时期30年里获得了真正的成熟。因此，检视新时期30年来的设计艺术发展过程，首先我们必须回到一个历史事件当中去，从漫长而艰难的起步来理解这一过程。

我国房地产行业发展逐步升温，家装工程市场迅速扩大，顾客的需求和政策的扶持，使一些大大小小的家装公司如雨后春笋般一夜间遍布市井街头。发展至今，家装市场不断扩大、竞争日益激烈，面临新的挑战。

（三）发展趋势

1. 竞争市场格局多变

首先，精装修房的出现加上各建材或是专业类别部门剥离装修客源和货源的情况，使位于房地产开发下游的家庭装修行业受到冲击。精装楼盘房地产开发商开始挤压传统的家装业务，房地产开发商会选择公装企业或者是土建行业顺势承接精装修的业务，或者是按照土建商的价格对家装企业进行压价，家装企业市场受到挤压，即使承接到业务，利润也极为微薄。精装房的出现，使家装企业的业务成为"鸡肋"。另外，加上材料供应商在提供建筑装饰材料的同时，也提供装配和粉刷涂料的业务，这样，传统的家庭装修企业提供的业务被各个相关行业分流，诸多因素都使家装市场的竞争出现了结构化调整的迹象。

其次，在家装市场内部，正规装修公司同样面临与价格低廉的小施工队的竞争。目前的状况是，正规家装公司在技术创新和设计改良的同时，私人装修队也在不断进步，他们的家装施工设备和施工技术以及施工质量都在不断进步，水平几乎与正规公司相差不多，但是在报价上却大大低于正规公司。再加上行业内部大品牌企业和知名设计师公司的队伍不断壮大，一些规模一般、技术含量不高、程序资质较低的家装企业将被市场和社会淘汰。

2. 家装行业的品牌化消费趋势

经济市场体系越来越成熟，消费者在选择家庭装修的同时，不再单独只考虑价格因素，他们更希望得到优质的服务，价格合适的品牌化装修越来越受到消费者青睐。市场调查显示，选择有品牌的公司的消费者逐渐增加，因此那些管理规范的品牌化家装企业竞争力会越来越强。与此同时，品牌企业会更加注重品牌的宣传，加大营销成本，最终品牌企业会增加市场份额，但是利润却不一定高。

在品牌化营销和知名设计师名誉的背景下，小而精的工作室和公司也会因此受益。这类企业人数少而精干，在品牌成本投入不能与大的品牌公司竞争的情况下，会降低营销的宣传成本，只专注提高设计和装修技术水平，靠口碑赢得客户。同时，因为投入相对较小，在大市场的背景下，可以良好地维持公司正常运营。

最后，那些占有一定市场份额的中小规模的家装公司，在财力雄厚的大公司和人少而精的小公司的双重压力下，业务如果跟不上，成本很难降低，最终会因为负担加大而被淘汰。而那些无装修资质的私人施工队，在将来的家装市场中也将难以生存。

二、日本室内住宅设计基本情况、历史沿革及发展趋势

（一）基本情况

日本是一个最传统与最现代文化并存的国家，有着世界先进的工业技术，同时在街上随处可见穿着传统和服参加聚会的女士。这样一个多元文化并存的国家，有着它独特的室内住宅设计理念。

日本居住空间的设计水平世界领先，对室内住宅设计行业的监督与管理十分严谨。日本的一些室内设计工程公司，通常集设计、科研、施工于一体，设计对科研提出要求，科研为设计提供技术支撑和难题攻关支持，工程细部问题再通过施工加以解决。技术开发、研究和应用结合得很好，成为一个有机整体。日本有50多万个建筑企业，但具有雄厚实力的大企业只是少数。一般公营住宅大多是由大企业或大小企业组成的联合体承包。早在20世纪60年代初期，日本就提出了"住宅实行部品化、批量化生产"的概念；20世纪70年代，大企业联合组建集团进入住宅产业；20世纪80年代，设立优良部品认证制度；90年代开始产业化生产住宅通用部件，住宅建造工厂对住宅从结构部件到组装，从室外到室内全部实现了工业流水线工厂制作和现场装配。日本建筑业经过多年的高速发展，已经探索出了一整套行之有效的安全管理模式和方法。

1. 部件质量认证提高了居民住宅质量

日本政府十分重视住宅的建设，他们认为住宅与衣食同样是国民生活的基础，为使国民居住得稳定舒适，就必须发展优质住宅及良好的居住环境，并把它作为住宅政策的基本目标。创建优质住宅工程，一是在规划、设计、施工到维修的各个阶段中，健全质量保证体系，严格控制质量；二是要为住宅工程提供优质的部件（含材料与设备）。日本从1973年起，即开始对住宅工程使用的部件质量建立认证制度，以确保住宅工程的质量。负责这项工作的单位是"优良住宅部件品质认证中心"（以下简称B*L），到1991年，经该中心确认的部件共有32类、1 500多种。

2. 政府和民间团体协作

日本政府对民间投资建设的工程，只要求其遵守政府发布的有关建设法令和城市规划的要求，其余均可按投资者的意愿进行建设，政府不做具体干预。但如果建设中出现违反政府法令行为的，政府就立即进行干预，并对责任者进行处罚。另外，日本

政府很重视发挥社团组织的作用，把制定技术法规的工作交给社团组织承担。有关工业产品标准（含建筑材料、部件）的，由"日本规格协会"（即日本标准化协会）组织制定，也就是通称的"JIS"。有关建筑及建造标准的制定工作则由日本建筑学会承担，通常称为"JA33"。在制定标准过程中，政府部门给予指导。此外，产品质量的认证，如住宅部件质量的认证，委托"优良住宅部件品质认证中心"来承担；住宅性能的认证，委托"住宅性能保证机构"承担。这些认证工作接受政府部门的指导，因此有较高的权威性。政府大力扶持新的住宅技术研发机构和民间组织的监督管理，加上企业和教育对人才培养的重视，保证了室内住宅设计水平、施工工艺、机械化程度、工程品质的良性发展。

（二）历史沿革

第二次世界大战以后，日本经济逐渐复苏，日本的室内设计专业也逐渐发展起来。明治维新后，日本实行对外开放政策，大量制造船舶并向海外运输货物，才开始有了家具设计师，附属在建筑事务所或者木工厂，当时并没有形成独立的队伍；并且当时所做的设计是为船舶内部服务，并不是家庭装修。为了向世界证明本国的技术水平，在轮船的设计建造行业中，集中了日本最专业和先进的技术力量，因此也带动了室内设计行业的发展。

另外，整个设计行业受到了德国包豪斯主义的影响。日本战后发展的工业设计行业学习包豪斯现代主义简洁的造型，这个时代的作品反映了包豪斯风格的理念，这对当时相对落后的日本设计界造成不小影响。其次，二战后经济复苏，新的技术手段和材料不断更新，也为现代主义风格的设计创造了良好的条件。

并且，战败的日本被美军占领，美国在日本的领土上大量建造兵营和住宅以及服务设施，美国式的生活方式也传播到了日本。这些在日本建造的美国式的住宅和家装设计，都会按照美国标准来进行验收，所以，日本本国的设计和监督水平在短时间内得到提高，迅速达到了世界先进水平。

重要的是，在资源匮乏、国土狭窄的日本，人们更加重视设计理念的实用性，只有提高设计制造质量才能满足本国需求，并且可以打开海外市场。20世纪40年代后期，日本更加重视设计可以提高生存质量的作用，通产省贸易输出局出资聘请国际知名设计师到日本教学，同时又派年轻设计师到海外学习先进的设计和技术。并且细致强调，即使是一件物品也必须造型美观，同样质量的产品就要靠造型美观来赢得市场，质量和造型美观的关系普遍被重视起来。

日本室内设计家协会的成立是日本室内设计史上一个重要的里程碑。1968年，日本举行首届室内设计及展示设计会议，明确了日本现代室内设计发展方向。同时，国内高等教育机构也开设了室内设计专业和家具设计专业,他们频频邀请欧美著名的设计师传授设计知识,包括请世界上最著名的美国设计师雷蒙德罗维来讲课。他们还举办欧美室内设计作品展览,派遣学生到欧美学习或通过旅行搜集欧美的室内设计经验。在日本政府直接参与和民间组织的共同努力下,日本的室内设计发展极为迅速。

日本政府从1966年开始实行"住宅建设五年计划",到2005年总共八期,实现了住宅从量到质的转变。并于2006年实施《居住生活基本法》,制订2006—2015年"居住生活基本计划",为改善居民的居住条件,日本政府不断在法制和规范上做出调整和规划。

(三)发展趋势

1. 设计与研发一体化

为了发展本国的住宅建筑业,日本相关行业每五年都会对房型平面、能源系统和设备、装修材料等进行一次调整升级试验,目的是研发出对环境和居住者都可持续发展的适应未来一百年的住宅环境与体系。日本政府和大型建筑企业都很重视对科学技术研究的投入。日本建设省主管的土木研究所与建筑研究所,是技术实力雄厚、设备先进完备的研究所。1991年,土木研究所的科研费高达85亿日元(约合6 500万美元);建筑研究所也有25亿日元(约合1 900万美元)。政府的研究所主要从事基础理论和具有综合或超前技术的研究,如灾害的预防、资源的综合利用、环境的改善等。这些科研项目耗资多、时间长,有些成果不一定能立即转化为生产力,但它们具有很大的社会效益并起到技术储备的作用,使日本住宅建筑业不断发展,在国际上保持优势。

2. 居住空间模式多样化

从生活理念到空间,从空间到场所,从住宅到都市,从日常到非日常,日本住宅建筑经历了多次蜕变才形成了今天的多样化局面。日本对于生活方式的变革、住宅模式的积极提案是到1949年后才真正开始的。建筑家们以各种课题展开了多样的实验住宅设计,我们比较熟悉的"最小限住宅"便是其中之一。最小限住宅就是从功能主义出发,把生活中最低限度的必需要素抽出来加以整理,来构筑适合人居住的最佳住宅。根据"私室的确立、食宿分离、家务劳动的减轻、椅子座式的导入"等原则,日本的小住宅设计经过20世纪50年代的积极探索,建立了"L+nB"家庭居住的模式(L是起居室,B是卧室,n是卧室的个数),夫妇合用一间卧室。"L+nB"户型的确立,是日本以家庭为核心的生活模式建立的标志之一。

随着时代的变化,家庭的形态也在发生着变化,这些变化极大地动摇了已经日渐程式化的住宅模式。而由于泡沫经济的破灭、全社会对消费概念的再认识等原因,也使得当今的日本建筑家在住宅设计中面临着前所未有的挑战,他们开始重新探讨新的家庭生活居住形式，如高龄者住宅、生态型住宅等，最近还出现了通过组合方式而建成的共同住宅。

三、欧美国家室内住宅设计基本情况及发展趋势

在经济发达的欧美商业社会，资本高度垄断，法制健全，没有为个体服务的装修企业，全部为开发商承接整体服务；基本实现产业化，一般不准买卖毛坯房，出售的全部是全装修房；避免手工操作，手工操作不可控因素多、误差大，容易发生质量通病。例如美国著名的几大家装建材连锁超市，像 Builders Square Suther Lands、Wal-Mart、HQ（Home Quarters Warehouse）等全部呈现垄断化。这些超级连锁建材超市几乎将市面上大部分基础建筑材料全部定型化、部件标准化，装修之前不需要用原材料加工，各式材料和设备附加组装说明书，消费者只需按照自己的喜好，将这些材料采购回家，按照说明书的要求，就可以自己动手组合安装。

发达国家的人工和劳动力是极为昂贵的，这促使了建材超市出售的部件都是半成品，需要购买者回去自己按说明组合安装；欧美国家十分重视管理，专业化分工也很细致，中等规模的设计装修公司不如我国这样常见，设计和施工水平也较为均衡。加上所有的建材部件、陈设、家具、装饰工艺水平很高，兼容性强，消费者直接购买回家组合摆放效果已经不错，如果不需要改变空间结构，几乎不需要装饰公司。

德国的住宅节能技术处于世界领先水平，所有房屋的墙体和所有设备等方面节能措施确保到位，大部分住宅均为精装修，只有少量毛坯房出售。为防止装修过程中偷工减料现象的发生，材料供应商与装修企业协会及相关专家就安装质量和事故责任签订合同，如有公司违反则取消会员资格。在法国，居住空间多为高层和多层集合式住宅及完全满足使用要求的成品房；对于节能有欧洲标准要求；室内装修多为简洁型，除厨卫全装修外，墙面为乳胶漆，基本不吊顶，保证基础照明；但后期业主可根据自身喜好自行进行装饰。

四、日本室内住宅设计的基本体系

（一）室内住宅设计的基本类型

在日本，居住空间是被当作产品来出售的。这源于日本人口拥挤，人均住宅面积极为狭窄。为了解决这一严峻的生存问题，日本率先进入了在工厂里面制造房子的时代。房屋建造和室内装修一体完成，极大地提高了工作效率，并保障了房屋质量。

1. 住宅建造与室内装修一体

无论是日本特有的"一户建"，还是公寓大楼，日本的住宅在其设计过程中均采用

了室内设计和建筑设计同步进行的方式，彻底摆脱了先施工后装修的落后局面，采取更加人性化的设计理念，对所有设施进行统一的成套、集成化综合考虑，与住宅产品的生产商进行早期的对接，减少矛盾和交叉，以确保装修质量的精度。最大限度地满足了功能性和舒适度要求，这不但是对居住空间设计的一次创新，更是一次划时代的住宅变革。

2. 定制居住空间装修

为了满足使用者对居住空间的更高要求，在集成住宅的基础上，内部结构和空间装饰风格可因需求进行定制。在定制居住空间装修设计中，会提供几套风格供选择，但无档次差异，避免销售流程过于复杂；另有部分材料可选（如开关式样、灯具式样等）。灵活的空间布置，能根据居住者的要求划分使用功能。客厅无承重墙，尺度合理，可以自由进行功能分割组合，"一生的住宅，成长的住宅"这个理念在日本居住空间设计中得以完美体现。

3. 旧屋改造装修

老旧的房屋在京都、大阪地区比较常见。这类住宅多穿着朴素的木制外衣，大多是以两间的宽度为一户的住宅，每户仅10平方米左右，连续排列而成，建造年代相对久远。针对这类老旧房屋面积和需求所带来的矛盾，进行改造，体现了住宅建筑在室内居住空间方面的阶段性、持续性的发展观。

（二）室内住宅设计的工作内容

根据日本室内设计者协会制定的设计和监理等各项业务内容："设计监理业务、报酬的诸项费用、设计版权及其他的三部分。"明确地列出设计、监理等各项业务：

1. 计划任务的立项

设计计划任务就是对设计任务书的立项，即在了解客户意向的基础上，对拟定的工程项目提出适合的设计方案及可行的设计方法。要对现场情况和客户的要求进行调研和探讨，并且形成书面形式，视情况及时补充和更新，实现设计方案的可行及新颖。

2. 初步设计

初步设计是在设计任务书与业主协商确定之后，对空间进行可视的表现形式阶段。包括设计方案（图纸）、设计说明书等，用技术手段来反映设计构思，并对空间施工所需要的建筑材料、造型、施工工艺以及工程预算等进行书面说明。

3. 施工设计

在和业主确定好初步设计方案、签完协议之后，开始绘制施工图，达到初步设计的具体化，对初步设计的细节绘制详细图纸，并达到工程预算的要求。具体分为以下6项工作内容：

（1）绘制图纸。按比例绘制平面图、顶视图、正视图、展开图、剖面图、透视图。

（2）构造详图、设备图等。

（3）采购。指选择与设计要求相一致的市场产品，可附产品说明书、材料样品及产品样本。

（4）色彩设计。制作色彩设计图，并附加色标和材料样品以及彩色透视效果图。

（5）设计说明。用文字说明设计所需材料及构造。

（6）预算。根据设计施工图、设计说明以及建材等制作工程造价书。

4.详细设计

依照施工图详细地标出细节尺寸，主要有大样图、详图等；关键细部节点要重点表示说明。

5.监理

日本的工程监理水平早已达到世界一流水平，整个监理过程无论是在施工前、施工中，还是在完工验收以及临时现场工程变更中，均有严格的规范和标准。

（1）协助业主签订工程设计施工合同。根据需要协助业主选择施工单位及编制工程施工合同，调查施工单位的技术力量和施工过的主要工程、信誉情况；提出工程内容明细、工程需要的材料及设备明细清单；对施工单位、材料及设备采购提出具体意见；协助业主与承接施工的单位签订施工合同。

（2）检查材料及制品、五金配件等，必要的情况下还需取样送检；核准施工单位绘制的节点构造图和施工详图。

（3）按照施工计划要求，不断对施工质量进行检查，包括施工中的抽查、竣工验收检查；同时按施工计划全面掌握施工进度，确保工程按计划如期完工。遇有质量、进度问题，及时汇报业主，并提出建议。

（4）工程如发生变动，工程费用亦随之发生变化时，要分析工程变动的原因和工程费用增减情况，上报业主征得认可。

（5）根据合同规定审核施工单位递交的付款通知单，包括应付款项、金额。在支付工程进度款时，要核实工程完成量，确认后方可办理支付证明。

五、国内室内住宅设计的工作内容

我国对室内住宅设计的工作内容目前还没有明文规定，总结下来可归为以下几点：

第一，回答客户的咨询，达成设计意向，签订设计合同，收取定金。

第二，分析客户的各种需求，比如功能、经济、美学方面等，总结分析客户基本情况和需求，制订行程安排表格。

第三，进行初步设计，提出符合客户需求的设计理念、功能安排、风格构思、主材、家具、设备、造价等建议。制作平面图、主要部位效果图、材料推荐表、设备和家具推荐表、征求客户意见。

第四，与客户交流。这个部分是非常重要的，要充分理解感悟客户的需求，就分歧达成共识；确定设计理念、功能安排、设计风格、主材、设备、家具及造价范围，并且请客户签字确认。

第五，深入设计。制作装饰装修施工图、水电施工图、设计说明、专项设计，与专门的技术人员配合。

第六，设计交付。制作设计文本，提交客户，收取设计费用（视情况而定是否收费）。

第七，后期服务。向客户和施工负责人进行设计技术交底，解答客户和施工人员的疑问。

第八，施工指导。分项技术交底，各工种放样确认，各工种框架确认，饰面收口确认，设备安装确认。

第九，参与验收。参与分项和综合验收。

第十，软装饰。进行家具、织物、植物艺术品选购及摆放指导。

第十一，项目交付。提交竣工图，收取后期服务费，成果摄影，工作总结。

第十二，客户回访。定期回访客户，征求意见。

第二节 室内设计的内涵、内容与空间概念

室内设计是一门发展十分迅速、涉及面很广的学科。作为建筑设计的延伸，室内设计既反映了社会分工、设计阶段的分化，也是社会生活精细化的结晶及技术与艺术的完美结合。

室内住宅设计首先要为满足人们的生活需求有意识地营造理想舒适的空间环境，同时，室内住宅设计是建筑设计的重要组成部分。但与建筑设计和一般的造型设计不同，室内住宅设计是以空间构成为主要特征、以实体构成为主要目的的，所以认知室内设计要先从设计内涵、内容与空间概念开始。

一、室内设计的内涵

室内设计是环境的一部分，也是人为环境设计的一个主要部分，所以室内设计又被称为"室内环境设计"。就是在建筑构件限定的内部空间中，以满足人的物质需求

和精神需求为目的，运用物质技术手段与艺术手段，创造出功能合理、舒适、美观的内部环境。

所谓环境（environment），是指影响人类生存和发展的各种天然的和经过人工改造的因素的总和。室内设计属于经过人工改造的环境，人们绝大部分时间生活在室内环境之中，因此室内设计与人们的关系在环境艺术设计系统中最为密切。

室内设计源于建筑设计，它是伴随着现代建筑的发展而逐步发展起来的。早期的室内设计就是与建筑物相适应的室内装饰，18世纪室内装饰师与建筑师逐渐分离，19世纪室内装饰师开始独立发展，20世纪60年代，室内设计理论开始形成，真正的室内设计出现。室内设计的任务由装饰转为按不同功能要求，从内部把握空间，设计形状、大小、高低，为人们舒适生活而整理空间。设计风格上也打破了17世纪、18世纪传统烦琐的装饰风格，超越了19世纪以后只强调功能性、追求造型简单的形式主义，逐渐形成了新的审美趣味和形式风格，并且在20世纪后期逐渐走向多元化。

具体来说，室内设计是根据建筑的使用要求，在建筑的内部展开，运用物质技术及艺术手段，设计出物质与精神、科学与艺术、理性与情感完美结合的理想场所。它不仅要具有使用价值，还要体现出建筑风格、文化内涵、环境气氛等精神功能。

室内设计的目的是创造出功能合理、舒适美观、符合人的生理和心理要求的理想场所的空间设计，旨在使人们在生活、居住、工作的室内环境空间中得到心理、视觉上的和谐与满足。而关键在于营造室内空间的总体艺术氛围，从概念到方案，从方案到施工，从平面到空间，从装修到陈设等一系列环节，融会构成一个符合现代功能和审美要求的高度统一的整体。

在理解室内设计内涵时要注意区分以下几个相关概念：

（1）室内装饰是为满足视觉艺术要求而进行的一种附加的艺术装饰。例如对室内地面、墙面、顶棚等各界面的处理，装饰材料的选用，也包括对家具、灯具、陈设和饰品的选用、配置和设计。

（2）室内装修主要指在建筑土建工程完成后的空间内对建筑构件、照明、通风与构造等进行工程技术方面的综合处理，即安装与修缮。

（3）室内装潢有综合装饰和装修的意思，偏重于室内环境的艺术处理。同时注重时尚与流行意识，是注重时尚与繁体风格的设计。

（4）室内设计是综合的室内环境设计，它既包括视觉环境方面的问题，也包括工程技术方面的问题，还包括声、光、热等物理环境的问题，以及氛围、意境等心理环境和文化内涵等方面的内容。可以说，它较上述几个概念都更加完善、更加全面。

各种室内空间都有着明确的使用功能，这些不同的使用功能所体现的内容构成了空间的基本特征。

室内环境按照其使用性质及功能的不同可分为以下几类：生产建筑室内——厂房、车间、实验室；居住建筑室内——公寓式、别墅式、院落式、宿舍式；公共建筑室内——剧场、银行、宾馆、饭店、商场、娱乐厅、展览馆、图书馆、体育馆、火车站、学校、幼儿园、办公楼等。居住建筑室内是人类为了满足家庭生活的需要所构筑的物质空间，即本专著将要注重探讨的住宅空间设计，它是人类生存所必需的生活资料，是人类适应自然、改造自然的产物，并且随着人类社会的进步逐步发展起来。

根据张绮曼教授在《室内设计总论》一书中给出的分类方法，室内设计按使用功能需求还可分为三大类，即人居环境室内设计、非限定性公共空间室内设计和限定性公共空间室内设计。不同类别的室内设计在设计内容和要求方面有许多共同点和不同点，如下表1-1所示。

表1-1 室内设计分类及设计内容

室内设计分类	二类划分	设计内容
人居环境室内设计	集合式住宅 公寓式住宅 别墅式住宅 院落式住宅	门厅设计
		起居室设计
		卧房设计
		书房设计
		餐厅设计
		厨房设计
		卫生间设计
	集体宿舍	卧室设计
		厕浴设计
非限定性公共空间室内设计	旅馆饭店 影剧院 展览馆 图书馆 体育馆 火车站 航站楼 商　店 综合商业设施	门厅设计
		营业厅设计
		休息室设计
		观众厅设计
		饮、餐厅设计
		游艺厅设计
		舞厅设计

续 表

室内设计分类	二类划分	设计内容
非限定性公共空间室内设计		办公室设计
		会议室设计
		过厅设计
		中厅设计
		多功能厅设计
		练习厅设计
		其他
限定性公共空间室内设计	学　校 幼儿园 办公楼	门厅设计
		教室设计
		接待室、休息室设计
		会议室设计
		办公室设计
		餐厅设计
		礼堂设计

现代室内设计是艺术与技术的综合运用，它与人们的生产、生活质量有着紧密的联系。它不仅要符合人体工程学、环境心理学、环境物理学等一些功能要求，同时还要体现出历史文脉、建筑风格、环境气氛等人文精神因素。现代室内设计的出发点就是为人民服务，以人为本。因此，如何在社会不断进步、科学技术不断发展的今天，利用好多学科知识，创造安全、惬意的室内空间关系，组织合理的室内机能关系，安排好室内舒适的生活环境，就成为室内设计的关键所在。

二、室内设计的内容

设计的服务对象是人，设计为人的需求而存在，室内空间是由人来享用的，所以设计的过程是将人的生活方式和行为模式物化的过程。具体来说，室内设计首先要明确建筑内部空间的使用功能，其次要改善空间内部原有物理性能，例如保温、隔热、节能、空调、采光照明、智能化等，最后还要塑造一个与使用者行为相称的生活与工作环境，从而改变人们的生活方式，创造新的生活理念。这就需要设计人员体验生活、体验空间、体验环境，要满足社会上各种人所提出的使用功能和精神功能需求。

由此看来，室内设计的内容主要是对建筑实质环境和非实质环境的规划和布局。实质环境是建筑自身的构成要素，是室内实际存在的物质环境，常被称为物理功能环境，即"硬环境"。非实质环境是与室内气氛有关的审美要素，主要指精神功能环境，即"软环境"。通常人们也将其称为硬装与软装，具体可以归纳为以下几个方面。

第一，室内空间设计。在建筑设计的基础上，按需要对空间的大小、比例和尺度进行进一步的调整，解决好空间与空间之间的衔接、对比、统一等问题，以达到室内空间和平面布置的合理安排。

第二，室内界面处理。室内界面处理指按照空间处理的要求，对地面、墙面、隔断、吊顶等室内空间的各个围合面进行处理，其中包括截面的形状和造型的设计，材质和色彩的搭配，以及界面和结构构造的处理等方面。

第三，室内物理环境设计。室内物理环境设计，是现代室内设计中极其重要的组成部分。它包括室内的采暖、通风、照明、湿度调节等多方面内容，涉及了水、电、风、光、声等多个技术领域，满足了人们在室内环境中的各种生理需求。随着科技的不断进步与发展，室内物理环境系统的技术含量越来越高。

第四，室内陈设艺术设计。室内陈设艺术设计主要是对室内除硬环境之外的软环境进行安排与布置。它主要包括室内的家具、设备、装饰织物、陈设艺术品以及灯具、绿化等方面内容。室内陈设艺术设计的主要目的是装饰空间、美化环境，其特点就是要体现室内的艺术风格和精神追求，所以室内陈设的效果对人们在室内环境中的影响是最直观的。

第五，绿色设计。绿色设计主要指室内整体设计上遵循绿色环保理念。绿色设计与人们的生存和生活息息相关，近年来已经成为人们越来越关注的问题。它包括要以为人们创造健康、安全、舒适的环境为目的，在设计与施工上选用可回收、可再利用、低污染、省资源的环保型材料，以及无毒、少毒、无污染或少污染的施工工艺，将可持续发展的绿色生态理念落实在具体的设计与实施中。

概括来说，室内设计的内容是营造富有美感的室内空间环境、组织合理的室内使用功能和构建舒适的室内空间环境。富有美感的室内空间环境主要是指通过各种方式满足人们的精神需求，表现为人们在室内生活、学习、工作、休息时感到心情愉快和舒畅。

图 1-1　令人身心舒适的室内设计

如果想使人们精神愉悦，就必须注意空间的序列构成、大小构成、高低构成、明度构成等，另外要注意空间的色彩处理和造型处理。室内住宅设计中的陈设、灯具、装饰艺术、绿化等都要服务于室内空间环境的构成。组织合理的室内使用功能，就是根据人们对建筑使用功能的要求，尽可能使室内动静空间流线通畅、结构层次分明、布局造型合理。而对室内空间环境的处理，主要是从生理上满足人们的各种要求，使人们在空间环境中生活、工作以及休息时感到满意，主要体现在适当的室内温度、良好的通风、怡人的绿化和适度的采光效果等。

三、空间概念

在日常生活中，室内空间与人之间的联系最为直接。对于建筑艺术来说，造型的整体性与各部分的比例及对称、排列、节奏、韵律等传统的审美法则，形成建筑的实体。实体部分和其他部分共同合成的空间是一个有机整体，建筑以空间为主要物质形成。人类生存及我们日常生活都需要占有生活活动的空间，空间从大到小，都无时无刻不存在着，室内空间环境的形态与质量直接影响着人们的物质生活和精神文化生活。

室内设计首先以功能为主，以实用性为重点，功能决定形式，形式反作用于功能；功能与形式相辅相成，形成室内空间的统一体。室内设计的重要任务是围绕"功能为主，形式为辅"的空间设计，重点是要先进行室内空间的规划。早期的室内设计可以追溯到原始社会时期，原始人类所居住的山洞对睡眠区与生活区也进行了简单的区域划分，这就说明了人类早期就开始注重自己的居住环境。而现代社会人们对于生活环境的要求越来越高，对于环境空间观念意识进行转变，由过去的过度开采自然资源转化为爱护环境资源，维护生态平衡，人们追崇健康、绿色、环保、回归自然，并努力地保护人类赖以生存的生态环境。环境的内部空间与外部空间紧密联系，人与自然结合是通过空间分隔、限定、组织等方式组合出适合人类舒适使用的室内外空间环境。

（一）空间的概念

对空间的定义角度不同，所产生的空间意义有所区别。从数学专业角度理解，空间是指实体空间与虚体空间；现代汉语里解释空间为物质存在的一种客观形式，由长度、宽度、高度表现出来。

我们所研究的，是在室内的空间范围内物质、人、人的运动、家具、器具、环境物态等存在的客观形式，由室内界面，包括墙、柱、顶棚，以及地的长度、宽度、高度将室内空间在广袤无垠的地表大气中划分、限定出来的范围与区域。

室内设计中的空间指的是人们有序生活组织所需要的物质产品，是人类劳动的产物。就其文字含义讲，空间的"空"，即旷、虚也，广阔而虚空之意。老子曾说：

"三十幅，共一毂，当其无，有车之用。埏埴以为器，当其无，有器之用。凿户……当其无，有室之用。故有之以为利，无之以为用。"形象生动地说明了空间的实体与虚空、存在与功用之间的辩证却又统一的关系。

人类对空间的需求是一个从低级到高级、从满足生活上的物质需求到满足心理上的精神需求的过程，这个过程受到了当时社会生产力以及科学技术的发展程度、文化艺术等方面的制约。有无顶盖是区别室内空间、室外空间的主要标准，具有地面、天棚、墙面这三要素的空间属于典型的室内空间；而没有这三要素，除了天井、院子以外的空间，可被称为半开敞或者开敞的室内空间。

室内的空间毕竟是有限的，生活在有限的空间内，对人们的视角、视运方位有一定的影响。同样的一个物体，如果室内外的光照颜色、强度不同，其所显示出的大小、颜色也会不尽相同。室外光线直射，物体受到光影的影响，会显得较小、色彩比较鲜明；在室内，物体受到漫射光的作用，光线较弱，物体没有较大变化，因此会显得比在室外要大一些，色彩因缺乏光照影响而显得比较灰暗。生活在室内的人们与物体接触十分频繁，对物体的观察也较多，对物体的材料在视觉和触觉上都比较敏感。

室内空间在满足人们物质使用功能需求的基础上，要更多地满足人们在精神功能方面的需求，充分体现空间形象的形式美和意境美，使生活在空间中人们的心灵得到升华。

（二）空间限定

空间限定又称空间划分，是通过界面围合、材料结构尺度、比例、虚实等方面限定出来的。限定本身具有不同特点和不同的组合方式，所形成的限定感也不相同。空间的具体限定手法包括设置、围合、覆盖、凸起、下沉，以及材质、色彩、肌理变化等多种手段。

空间限定从方向上可划分为水平限定和垂直限定。

1. 水平限定

在一个水平方向上的空间范围，被限定了尺寸的平面就可以限定一个空间。水平方向限定要素较弱，利于加强空间的延续感。通过象征性的限定手段在水平方向基于地面平行的空间方位上进行划分，不能实现空间明确界定，通常使用抽象的提示符号划分出一块有别于其他空间的相对独立的区域。由于限定空间的位置不同，水平限定又可分为顶面及地面两种。

第一种是抬高或下降地面的方式。局部空间的抬高或下降能在统一的空间中产生一个明显的界线，且能形成明确的富有变化的独立空间。地面抬高，可以创造出向远处展望的空间，具有扩张性和展示性，便于观赏（见图1-2）；地面降低会产生一种隐蔽感，具有保密性、宁静感、趣味性，使空间安定、含蓄，能形成维护感。

图 1-2 抬高地面的限定空间方式多用在客厅宴客区与休闲区的划分、卧室休息区与活动区的划分

第二种是利用夹层空间的划分方式。当空间比较高大空旷时，可以通过建立夹层来进行空间划分。这样可以提高空间的灵活多变性，突出层次感，为室内环境增添活跃气氛。商场、展览馆、办公空间、阁楼住宅等常用此种方法进行空间限定。如阁楼最高点可达到 5m 左右，最低点可能不足 1m，这就可以充分利用水平限定划分出小夹层作为书房或卧室使用。不仅经济实用，还可以使空间穿插，打破空间绝对分隔的形式，是时下流行的户型，很受年轻人欢迎，同时也能减轻购房压力。精心创意的夹层空间，会给你的家带来与众不同的时尚浪漫效果。

图 1-3 50 平方米夹层空间设计

第三种是顶面的水平限定。室内空间顶面的造型，通常是根据房间的标高和结构进行限定的。在水平方向上通过吊顶的高低变化做出不同视觉效果的顶面，或在顶面用水平灯具划分出不同的区域，感觉像一把雨伞遮住阳光，伞下可形成供人休憩的阴

凉。可以通过基面上升或下降来变化空间尺度，由此表现出一种方向性和限定感。

图 1-4　富有层次感的空间吊顶设计

第四种是地面铺装变化的限定方式。在室内空间中利用地面材质颜色、质感的不同来限定出不同的使用区域，最明显的是在商业空间环境中，通常利用材料来限定交通空间和展示空间。

图 1-5　过道地面采用斜铺地心，既将餐厅与客厅完美区分，又起到了美化空间的作用

2.垂直限定

空间分隔体与地面基本保持垂直，垂直元素会增强围合感。垂直的形状比较活跃，垂直的形体，如在形状、虚实、尺度及与地面所形成的角度的不同，都会产生不同的围合效果。如实体墙可中断空间连续性，起到遮挡视线、声音、温度等作用；矮墙、矮隔断、列柱等其他形式只能隔断人的行为，不会隔断视线、声音、温度，在空间限定中有隔而不断、相互渗透的效果。

巧妙的住宅室内设计与应用研究
——以日本住宅为例

图1-6　以垂直矮墙为隔断和电视背景墙的双层效果

垂直线可以用来限定空间体积的垂直边缘，典型的如柱子。不同数量的柱子在空间中有不同的作用：两根柱子可以形成一个富于张力的面，三根柱子可以形成空间体积的角。不同数量的柱子在同一直线上的垂直线排列编织成若干虚面，起到限定和划分的作用，产生围合感，形成各种空间体积。有的空间利用柱子划分出独特的欣赏性空间，既美化了柱子表面，又对空间进行了有效的限定。

用一个垂直面明确表达前后的空间，它不能完成限定空间范围的任务，只能形成一个空间的边界；要限定空间体积，必须与其他形式要素相互作用。如一个底面加一个垂直面，属于面的L造型。人在面对垂直限定元素时视线受阻，有较强的限定作用；背面朝向垂直限定元素时，有一定的依靠感。垂直的高度不同，会影响视觉观察范围。当它不高于600mm时，可以作为限定一个领域的边缘；当它高于1 600mm，也就是高于人的身高时，领域与空间的视觉连续性被彻底打破了，就会形成具有围合范围的空间。

室内设计常用的垂直限定方式主要有四种，分别是平行面限定、L形空间限定、U形面限定和四个面的围合限定。

第一种，两个平行面，可以限定一个空间体积，空间动向朝向该敞口的端部。其空间是外向性的，它的基本方位沿着两个面的对称轴的方向，该空间的性格是外向的，它有动感和方向性。如形态的质感、色彩、形状有所变化，可以调整空间的形态和方位特征。多组平行面可以产生一种流动、连续的空间效果，设计师可利用造型开放端对基面进行处理,能增强顶部构图要素,强调视觉中心。

　　第二种,一个L形的面可以形成一个从转角外沿对角线向外的空间范围,这个范围被转角造型强烈地限定和围起,在内角处有强烈的内向性,外缘则变成外向。L形的角内安静,有强烈的维护感和私密性,而角外具有流动性及导向的作用。L形空间可以独立于空间中,也可以与另外的空间形式要素结合,限定富于变化的空间。

　　第三种,U形面可以限定一个较强的空间体积,并能形成朝向开敞端的方向感,其后部的空间范围是封闭和完全限定的。开口端是外向性的,其他三个面具有独立的地位,越靠近开敞端的空间,外向性特征越明显。开敞端可以带来视觉的连续性和空间的流动性,如果把基面延伸出开口端,则更能加强视觉上该空间的范围进入相邻空间的感觉。例如常见的住宅户型中,有的业主把客厅与阳台地面作为同一材质过渡,或把家具延伸到阳台位置等,都是利用U形面朝开口端流动性的外向特征来加大视觉空间的。同时,U形空间底部中心具有拥抱、接纳的动势,可以利用造型或材料、色彩的变化形成视觉中心。U形造型具有向心感和较强的封闭性,沿U形墙布置物体可以形成内向性组合,满足私密性的同时又保持着开敞端的空间交流。

　　第四种,四个垂直面可以围合成一个完整的空间,明确划定周围的空间,是建筑空间中最典型的限定要求,也是限定方式最强的一种。四个面围合而又不设洞口时,与其他相邻空间视觉上不产生连续感,因此在此类空间中,根据需要开设门窗洞口,或改变其中一个面的造型,使其区分明显。这种空间在建筑设计和城市景观广场设计中无处不在。门窗、洞口的尺寸及数量应根据空间的不同类型进行选择,如果数量太多会削弱空间的围合感,同时会影响空间的流动方位、采光质量、视野,以及空间的使用方式和运动方式。四面围合空间通道位置的不同导致空间的使用作用不同。例如,居中的通道适合病房、宿舍、办公的空间;一侧对角的通道,节约路线,空间连接方便;一侧通道,适合人流少、功能简单的空间。

　　此外,还有一种虚拟的空间限定方式,即中心限定。中心限定又称为"设立",与维护空间相结合有静穆沉稳之感,与顶形结构结合,有笼罩辐射、吸收收拢之力。空间中单一实体会向周围辐射扩张,从外部感受上是在单一实体周围形成一个界限不明的环形空间,向周围辐射或扩张,属于一种虚拟限定形式。中心限定是一种视觉心理限定,不能明确划分出空间的形状和度量,离物体距离越近,空间感越强。例如空间中的吊灯、雕塑、柱子等都会形成聚集停留的场所,虽然界限不明显,但可以形成一种模糊的边境的效果,形成一种心理感觉。中心限定的大小、强弱由限定要素的造型、位置、肌理、心理、色彩、体貌等客观因素和人的主观心理等多方面综合决定。例如雨伞下的空间,属于中心限定空间,人们心里感觉伞边缘下的空间属于个人空间，而实际上它属于周围环境空间，这就暗示出一种边界模糊的灰色空间，也称为"心理空间"。

（三）空间分隔

室内空间的限定实际上可以理解为在原有的大空间中进行的再限定，以上介绍的几种限定方式与一次限定大致相同，但对人的心理影响效果还是十分明显的。"分隔"作为限定空间的一种方式，是实际操作方面的展示。空间的分隔和联系，是室内空间设计的重要内容。分隔的方式决定了空间之间联系的程度，分隔的方法则在满足不同的分隔要求的基础上，创造出美感、情趣和意境，并满足领域感和私密性的需求。

空间分隔主要有绝对分隔、局部分隔、弹性分隔和虚拟分隔这四种。

绝对分隔空间的界面多为到顶的实体界面，常见的界面如砖混结构的墙体、轻钢龙骨石膏板的墙体、木质结构墙体等。这样分隔出来的空间界限清楚，限定程度较高，独立性、间隔性、私密性、领域性较好，但与外界流动性较差，在良好的设施下能保证良好的温度、湿度和空气清新度。常见的绝对分隔空间形式有审讯室、档案室、仓库等机密性质的空间。

图 1-7　办公室中重视隔音的分隔区

局部分隔空间的界面不完整，空间界限不明显，空间不是完全封闭的，限定程度较低，抗干扰性差。但此种界面分隔可以使空间隔而不断，层次丰富，流动性较好。局部分隔不会同时阻隔交通、视线、声音，限定度受界面的材料、大小、强弱、形态等因素影响。此种分隔形式在空间中经常使用，像屏风、家具、隔断等都属于此类限定，虽说限定度低，隔音性、私密性等受到影响，但空间形态更为丰富，趣味性和功能性都会增强。

第一章 室内住宅设计概述

图 1-8 充满时尚感和功能性的局部分隔效果

弹性分隔是指根据空间需要可以随时移动或启闭界面的一种分隔形式，这种分隔可以改变空间的大小、形状、尺度等，是较为灵活地安排空间机动性和减活性的一种好方法。如用推拉隔断、弹簧门、升降帘、折叠门、幕帘、活动地台、活动顶棚、活动舞台背景、活动家具等搭建临时活动场所，像结婚典礼现场的红地毯也属于弹性分隔。

图 1-9 推拉门这一分隔介质创造出可移动、可变化的分隔空间

虚拟分隔是限定程度最低的一种分隔方式，也称象征性分隔。其界面模糊，比较含蓄，主要通过视觉感知空间达到心理上的划分，是一种不完整的虚拟性划分。根据形体的暗示、风向等非实体性的因素来分隔空间，侧重心理效应和感觉，借助于室内部件及装饰元素形成"心理空间"。心理上的存在是不可见的，但可以由实体要素推知，依据局部形体的暗示，视觉推理空间，有时模糊，有时清晰。

023

图 1-10　虚拟分隔在广告中的应用，使人既可以看到现场的车，又可以感受到在路上行驶的车

在具体的室内空间分隔中，运用隔断、家具、照明、水体和绿化进行分隔是比较常见的形式。利用隔断和家具进行空间设计，是一种非常简单而又灵活多变的方法。隔断的形式是根据室内空间需要形成各种造型，其材质与整体风格相协调，也可以做成活动式隔断，方便改动，是日常生活空间环境中最常用的一种方法。利用不同的照明器具和灯光种类进行照明，通过不同光源的颜色、照度、亮度等来分隔空间。这种分隔会形成光彩夺目、流光溢彩的效果，此种方法比较奢侈，造价高。利用水体和绿色植物分隔可以给室内空间带来灵气，同时活跃空间氛围。生活中以水体作为主要元素的景观有水池、喷泉、水幕等。天然绿色植物的分隔能使人得到精神满足，同时使室内空间与绿化相结合，接近自然、净化空气，从而形成绿意盎然、流水潺潺的自然生态环境。利用室内陈设物和装饰品分隔，常见的如用竹帘、珠帘、布艺、工艺品、博古架、丝绸、纱幔等进行分隔，其中线帘的分隔具有烟雨朦胧的效果，具有较强的向心感，充实空间，丰富层次，是当今设计领域比较流行的软装饰分隔空间的方法。

图 1-11　常见的帷幕床帐

此外还有利用建筑结构、装饰构架、界面和不同材质进行的分隔。利用建筑本身的结构和内部空间的装饰构架来进行分隔，充分表现外露结构，既利用了原空间的功能部件，又免去过多的装饰，并可表现出一种结构的力度感和材质的美感，同时也增加了空间的层次感与功能区划分。常见的结构装饰构架形式有柱廊式、梁柱式、网架式和几何构件等，体现出建筑的内在美感。利用界面的凹凸和高低变化进行分隔，如地面、天花、垂直界面、内墙、隔断等。凹入和凸出空间指空间的局部凹凸变化，可以缓解空间的单调感。凹入空间位置处于空间方位的里面，具有比较好的私密性，会形成独特的一角；凸出空间是相对于凹入空间来讲的，对内部空间而言是凹入，对外部空间而言是凸出。如现代住宅中的飘窗，指的是为增强房间采光、美化建筑造型而设置的凸出外墙的窗，飘窗结构使建筑外观优美、室内布置灵活。此类空间处理得当可以形成设计的视觉中心。利用室内装饰材料的质感对比，通过明度、纯度、冷暖、光泽度的变化也可以形成空间分隔的效果。

图1-12　现代居室中的飘窗布置

（四）空间的形式

建筑室内空间的类型可根据不同的室内空间构成具有的特点来划分。建筑空间有内部空间、外部空间之分，内部空间又可分为固定空间和可变空间两种类型。

固定空间是由建筑部分的地面、天棚、墙面以及相应的结构合围而成的，是室内的主要空间或者原始空间。在空间中通过隔断、家具、绿化、灯光等将原始空间再次划分为不同的空间，这些再次划分的空间即为可变空间。

另外，可以将内部空间分为实体空间和虚拟空间。实体空间的特征是空间的范围明确，空间之间有着明确的界限，空间的私密性比较强；虚拟空间又被称为"心理空间"，其特点是空间范围不明确，私密性弱，被包含在实体空间中，具有象征性和相对的独立性，可被人们感知。下面分别介绍多种常见的室内空间形式。

1. 母子空间

人们在一起活动时，可能有时会感到彼此影响、干扰，缺乏个人隐私性保护。母子空间是对空间的二次限定，即在原有空间中用实体性或者象征性方法再限定出小空间，常用虚拟象征布置形成层中层、楼中楼、座中座的空间格局，这样既能满足空间功能使用需求，又能丰富空间层次。分隔出的小空间往往是有规律性地排列，形成重复和韵律，在有一定的私密性的情况下，又与大空间相连相通，形成大中有小、动中有静的空间效果，从而满足他人的使用需求。

如大办公室内的部门办公室、老板办公室外的文秘办公室、餐厅中的包间等，都属于母子空间的分隔形式。这类空间的主要特点是在大空间中包含了一个或者多个小空间，适用于大空间中需要一定的私密性区域的空间中，如大餐厅中分隔出包间、大舞厅中的小包厢等。

图1-13　母子空间示意图

2. 结构式空间

通过空间结构的外露部分欣赏与领略设计者的设计构思，以及形成的空间美的环境，这类空间即为结构式空间。结构式空间具有现代感、科技感以及力度感等特点，与相对烦琐、虚假的装饰相比，该空间更具震撼人心的力量。该类型空间较多用于现代风格的室内设计中。

图1-14　结构式空间示例一　　　　图1-15　结构式空间示例二

3. 共享空间

为了适应各种繁杂、开放的公共性社交活动和丰富多样的旅游生活的需要，1967年，波特曼提出了共享空间这个理念。共享空间一般在大型的公共场所中比较容易出现，空间比较高大，为了适应各种社会活动和休闲生活的需要，往往会配备多种空间使用功能和公共设施，人们在此空间中流动可以获得物质和精神上的满足。

该类型空间的空间处理是大中有小、小中有大、内中有外、外中有内、相互穿插，具有服务性、功能性、休息性、欣赏性、娱乐性等多种性能，比较适用于大型的公共建筑，如饭店、酒店、俱乐部、车站大厅等公共活动中心和交通枢纽。共享空间的规模较大，内容也十分丰富，其最大的特点是将室外空间的特征引入室内，使大厅呈现出流水潺潺、花木茂盛等景色，真正体现出空间的"共享"特征。

图 1-16　共享空间示意图

4.下沉式空间

下沉式空间又被称为"地坑"，是将室内地面的局部下沉，在统一的室内空间里产生出一个界限明确、富于变化的独立空间。由于未下沉的空间比下沉了的空间高，因此会产生隐蔽、宁静、安全的感觉。随着地面高度差的增大，私密性增强，对空间效果的影响也越大。下沉式空间的主要特点是在大空间中使一部分地面下沉，适用于需要私密性的空间中。

图 1-17　下沉式空间示意图

5.地台式空间

地台式空间与下沉式空间相反。该类空间抬高室内局部地面，在被抬高的地面边缘，划分出地台式空间。被抬高的部分与周围环境形成鲜明界限，具有收纳性和展示性特征，处于地台上的人们具有一种居高临下的优越感，视线开阔，趣味盎然。适用于引人瞩目的事物展示和陈列，如汽车、化妆品、艺术品等产品展示。

图 1-18　地台式空间示意图

6. 凹入空间与外凸空间

凹入空间是在室内某一墙面或局部角落凹入空间，是在室内局部推进的一种室内空间形式，在住宅建筑中运用比较普遍。外凸空间是与凹入空间相对的概念，对内部空间来说是凹入空间，但对于外部空间来说则是向外凸出的空间。该形式的空间是希望将建筑更好地伸向自然，使室内外空间融为一体，在西洋古典建筑中有充分的体现。

图 1-19　外凸空间示意图

7. 定空间

室内设计中的定空间亦被称作"固定空间"，指的是使用功能明确且位置不变动的空间环境，由固定不变的界面合并而成。该类型空间的主要特点是：其一，具有较强的封闭性，空间形象明确；其二，空间装饰陈设与空间界面的比例协调统一；其三，室内空间多以限定性较强的界面围合而成，具有较强的空间领域性；其四，该类型空间多位于尽端，隐秘性较强；其五，空间的色彩淡雅和谐、光线柔和、视线转换平和。

8. 动态空间和静态空间

动态空间也可称为"流动空间"，具有视觉导向性和开放性特点。界面空间构成形式变化多端，界面组织具有节奏性和连续性。动态空间通过视觉、听觉的引导和空间内人和部分设施的运动形成动感丰富的空间形式。静态空间的形式比较稳定，空间限定度较高且封闭性较强，常采用上、下、左、右四面对称和周围对称结构，如图 1-20 所示。静态空间的特点是，该空间一般在尽端空间，私密性较强，装饰造型和谐统一，家具及装饰品陈设协调，色彩淡雅、光线柔和，空间整体给人以稳重、宁静的感觉，适用于客厅、卧室等类型空间中。

第一章 室内住宅设计概述

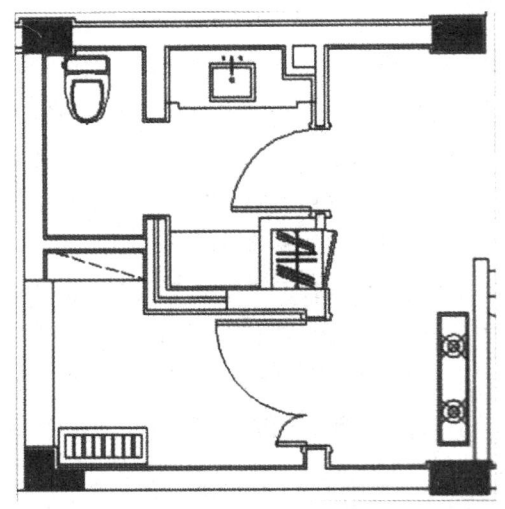

图 1-20 静态空间平面图

动态空间多以运动着的物体、人流以及变化力的画面、闪烁的灯光、跳跃的音乐等动态因素来体现出一种动感，是时间与空间相结合的"四维空间"。从视觉角度形成的动态空间，如图 1-21 所示。设计师可以利用空间的开敞性和视觉的导向性特点，使界面组织在视觉上具有连续性和节奏性，空间构成形式富有多样性和变化性。通过视觉引导，使人们的视线由一点自动移动到另一点，实现空间的连续、贯通，运用曲线、折线、斜线等富有动感的形式美要素，使人们的视线一直处于流动状态。常见的室内动感装饰元素有垂直的观光电梯、自动扶梯、动感雕塑、多媒体设备、立体声音乐、水幕墙体、滚动的壁画灯等，能呈现出生动活泼、欢快摇动、淋漓尽致的趣味空间。

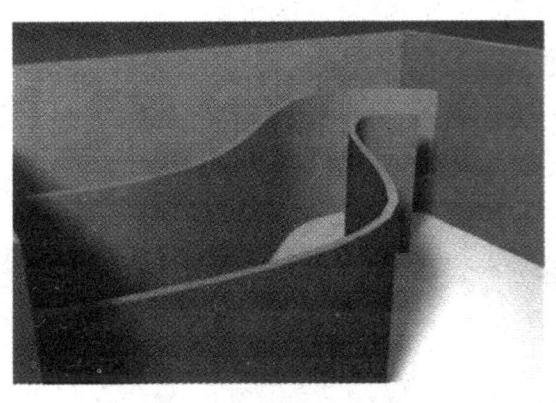

图 1-21 动态空间示意图

029

但长时间处于动态空间会使人产生烦躁不安、情绪波动的状况,因此需打造出静态空间以缓解人们的心理和视觉感受。动静结合符合人们正常的生理需要,所以说静态空间的形式较稳定,空间趋于封闭,限定性的空间容易形成安宁、平衡的静态效果。设计中常用对称式、向心、离心等构图方法进行设计。有的空间的动与静的界限划分不明显,一些综合的信息通过我们的感官会时刻发生变化;有的空间需要结合空间的使用性质,要灵活地判断出空间的整体感受。

合理组织空间动态形式也可以形成动态空间。若要取得良好的空间动态效果,设计师一方面应当从整体布局上有机地组织动态空间,使空间立意创新、动静合理分明、布局合理;另一方面,要有效、合理地利用流水、旋转地面、电梯、各种信息展示等动态元素。动态空间是使用比较普遍的空间形式之一,常常被用在商场、机场大厅等动感性的或者娱乐性的空间中。

9. 开敞空间和封闭空间

开敞空间与封闭空间是相对而言的,开敞的程度取决于有无侧界面、侧界面的围合程度和开洞的大小及启用的控制能力等。开敞空间与封闭空间也有开敞程度上的差别,如半开敞和半封闭空间。

开敞空间是流动的、渗透的,强调与空间环境的交流、渗透,讲究对景、借景以及与大自然或周围空间的融合,受外界的影响较大,与外界的交流也很多,可提供更多的室内外景观和更广阔的视野,因此显得较大,是开放心理在室内环境中的反映。在使用时开敞空间灵活性较大,便于经常改变室内布置。在心理效果上,开敞空间常表现为开朗、活跃。在与景观关系和空间性格上,开敞空间是收纳性和开放性的。

封闭空间是用限定性较高的围护实体包围起来的,在视觉、听觉等方面具有很强的隔离性,表现为安静、沉闷,是内向的、拒绝性的室内空间。其私密性、安全感均较强,在空间心理效果上表现为领域感、安全感、私密性。

图 1-22　开敞空间示意图　　　　图 1-23　封闭空间示意图

10. 虚拟空间与实体空间

虚拟空间又叫"心理空间",它是在已有界面围合的空间内,通过局部变化再次限定空间,主要依据形体的启示和视觉的联想来划定空间,可以借助绿化、隔断、家具、陈设、水体、色彩、材质、标高、灯光等手法进行象征性的分隔,特意营造一种含糊、朦胧的相互交叠、互相渗透的合理空间。此种手法在室内设计中处于重要地位,并与其他空间限定的方法共同打造以实用性、功能性为主的空间。虚拟空间不是孤立的,它存在于整体的空间之中,设计时要充分把握设计手法,利用各种现代科技手段及新型装饰材料创造虚拟空间。如生活中常用的镜子、玻璃、金属材料的折射会转移人们的视线,形成空间扩大的超现实感觉。实体空间是由实体界面围合的具有实体界面的空间,四面围合的空间、封闭空间也属于实体空间。

11. 单一空间

单一空间可以由正方体等规矩几何体构成,也可以是这些规则几何体经过添加、变形得到的更加复杂的空间。

12. 中心空间

中心空间又称为"集中式空间",是一种稳定的向心轴式构图,由一定数量的次空间和一个占有主导地位的中心空间构成。围绕中心空间的次空间,在形式上一般采用相同的做法,但是必须突出中心空间的主导地位。

13. 交错空间

交错空间是利用各种空间形式相互交错或者立体交叉的方法,促使空间在水平、垂直方向上相互连接和沟通,具有强烈的层次感和动态效果,在空间中便于人流的组织和疏散,便于形式趣味的形成。这类空间在大型商场、商城、展览馆等人流量较大的空间设计中应用比较广泛。

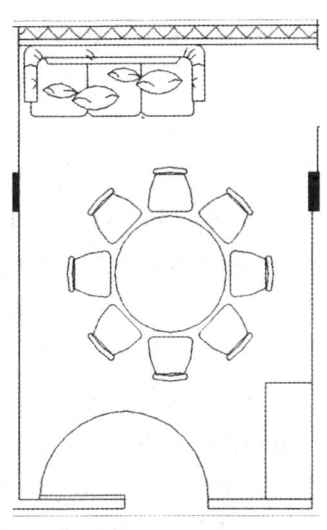

图 1-24 单一空间平面图

14. 迷幻空间

迷幻空间追求神秘、幽深、新奇、变化莫测或者超现实的戏剧化的空间效果,甚至某些时候还会牺牲空间的实用性和使用功能,通过扭曲、断裂、倒置、错位等方法,将家具及陈设品布置得奇形怪状,将一些不同时代、不同民族的图腾、饰品等视觉元素安排在空间中,以突出部分人类对某种精神的需求。

迷幻空间的装饰通常采用跳跃变换或者五光十色的光影效果;装饰陈设品追求奇

光异彩和狂野粗犷的肌理效果；在色彩方面突出色彩的浓重，线条讲究富有动感，图案比较抽象等。这类空间较多地应用于 KTV、科技馆等空间中。

15. 悬浮空间

在空间局部的垂直面上悬吊或悬挑出的小空间凌驾于大空间的半空中，使空间更为活泼，突出空间的性格，并具有趣味性，是打造空间亮点的方式之一。悬浮的元素经常是吊顶、工艺造型、卡通造型、主题元素、几何形体、灯具、织物等。

（五）空间的性格

任何一个由点、线、面组成的空间，都是由造型、色彩、景物光线、材质等视觉要素相互联系、相互影响而形成的不可分割的整体。每一种要素的变化都会引起空间这个有机整体发生变化，进而影响人们生理上、心理上的不同感受，因而由这些因素构成的空间具有了不同的性格。

随着社会的发展，空间环境被不断赋予新的内涵。政治、经济、宗教信仰、文学艺术、民族风情等多方面因素都对空间产生了深远的影响，使空间环境具有了更多的性格。

1. 愉悦空间性格

这一性格的空间主要是为了迎合商业需求，意在表现商业空间环境的富丽堂皇，造成繁荣的商业景象。有时在居室设计中也会使用这种性格的空间。

图 1-25　素净与色彩的愉悦功效

在色调方面，主要以暖色调为主，色调具有较大的跳动性，结构形式上表现为十分活泼。愉悦空间由于其色调明快、形式活泼、环境优美、祥和喜庆、充满欢乐的气氛等特点，正好满足了现代人们生理、心理上的需求而受到普遍的欢迎与高度的肯定，较多应用于营业厅、酒店大堂、歌舞厅等空间设计中。当然，现代住宅中依个人喜好也有此风格的设计装饰。

2. 亲密空间性格

亲密即人与人之间的紧密关系。环境心理学认为，亲密已经发展为人与人之间交流信息的控制机制，直接影响着人与人相互交换信息的质与量。亲密空间性格主要用于意在拉近人与事物、人与人距离的空间中。

在商业环境设计中，具有亲密感的环境空间能招揽更多生意，增加商业营业额。例如，现代的超市一改传统的通过柜台将顾客与商品隔开的模式，而是让顾客自选商品，这样不仅拉近了商品与顾客的距离，增加了顾客对商品的亲密性，而且还满足了顾客的拥有欲。

3. 神圣空间性格

神圣空间主要以单座建筑"殿"为主。供奉神佛的寺、庙宇、大殿被称为佛殿，该环境空间模拟雕饰成神的世界，利用香烟缭绕以及幽幽烛火，构成奇幻的神居之所、赐福之地。

古代帝王主持政事之地，被称为宫殿。其整体布局与空间结构，体现了帝王崇高的尊严与至高无上的王权。在环境装饰上，代表王族无上权威的宫殿，色彩富丽堂皇，装饰图案行云流水、龙凤呈祥，尽显王者之气。

图 1-26　金碧辉煌的万佛殿

4. 怀古空间性格

生活在现代化工业社会和快节奏生活方式中的人们，极易产生逆反心理，而怀旧感情就是其中的典型情绪之一。紧张的生活使人感到烦躁与单调，希望领略古环境的情趣与古文化的风韵，因此，古迹遗址、圣人故居等纷纷成为人们所向往的旅游之地。

图 1-27　现代家居中的古风元素 　　图 1-28　原始风与年代感结合的怀古空间

为满足人们的这种怀古情绪，世界各地的仿古街坊、仿古城应运而生，唐人街、水浒城、大观园等建筑再现了古代的风土人情。

5. 幽雅空间性格

空间的幽雅与悠闲，或模仿古典园林的雅致，追求空间的诗情画意；或引入自然的景色，沐浴田园风光；或引入异国风情，领略其典雅古朴。该类型空间可使久居闹市的人们得到一些大自然的气息，缓解工作以及生活上的压力，从而有益于身心健康，较适用于居家或者餐厅等空间装饰中。

6. 模糊空间性格

模糊空间也被称为"灰空间"，其界面模棱两可，具有多种功能的含义，空间中充满了复杂性和矛盾性。

由于模糊空间的不确定性和模糊性可引申出含蓄、耐人寻味的空间意境，因此深受室内设计师的喜爱，常用于处理空间与空间的引申、过渡处，如室内、室外、开敞、封闭空间的过渡、引申等。

图 1-29　原木色与白色纱幔的田园风空间

图 1-30　多维度模糊建筑空间

（六）空间设计

现代室内空间设计需要处理好以下几方面关系：人与空间的关系、空间的围与透、不同空间的过渡与衔接。

1. 人与空间的关系

空间的尺度感直接影响着人对空间的感受，因此不同建筑空间的空间尺度也应当有所区别，如庄严、雄伟的人民大会堂的空间尺度感非常大，而温馨的书房的空间尺度感相应较小。在满足空间不同使用功能需求的前提下，还需要考虑给人以某种意向感受，应根据具体情况把握功能要求与精神需求的关系。空间的高度对人们有很大的影响：空间的绝对高度以人的高度为尺度，空间过高会使人感到空旷，过低会使人感到压抑。空间高度与面积的对倒关系即为空间的相对高度，相对高度越低，视觉上天棚与地面就越贴近；相对高度越高，天棚与地面的视觉效果越高。

室内空间的形式就是室内空间的各个界面限定的范围，空间感受是该空间使人心理、生理上产生的反应。不同的空间给人的感受不同。矩形空间很容易与建筑结构形式相协调，是一种最常见的空间形式。其平面具有较强的方向性，立面无方向感，是一个稳定的空间，一般用于教室、卧室、办公室等室内空间。常见的圆拱形空间有两种形态，一种是圆球形，平面为圆形，顶面也为圆弧形，给人以一种稳定的向心性、安全、集中的感觉。另一种是矩形平面拱形顶，该类型空间水平方向性较强，剖面的拱形顶具有向心流动的感觉。自由形空间有平面、剖面、立面形式，它们多变且不稳定，自由又复杂，具有移动的艺术感染力，常用于特殊的娱乐或艺术性较强的空间。折线形空间指的是平面为三角形、六边形或者是多边形的空间。三角形空间的平面为三角形，有向外扩张之势，立面上又有向上升腾之感，因而此空间容易给人以向外扩散和向上升腾的感觉，空间具有一定的动感。

2. 空间的围与透

室内空间的围与透是由室内的使用功能决定的。若空间围合程度过高，则易使人感到闭塞；若围合程度过低，又会使空间失去室内空间的意义。设计师在进行室内设计时，不仅要处理好室内空间使用功能与围透之间的关系，还要兼顾周围的环境因素。

3. 不同空间的过渡与衔接

室内的过渡指利用人的生活规律和建筑使用需求来处理整个空间的分隔和联系。相隔一定距离的两个空间，借助一个空间将两者连接起来，这个起连接作用的空间即为过渡空间。

过渡空间本身没有具体的使用功能，只是用于联系主要空间的辅助性质的空间。空间的过渡形式有直接过渡和间接过渡两种。空间的直接过渡是通过隔断或者其他空间分隔形式（如水池等）作为空间的过渡处理；间接过渡则是在两个空间之间插入间接过渡的空间作为空间的过渡形式。

由于室内外空间的衔接不能太突然，因此要在室内外之间插入一个过渡性的空间，如门厅、走廊等。在一些复杂的室内空间和各主要空间的人流线上布置多个过渡性质的空间，会使空间的过渡更加自然和丰富。

第三节 室内住宅设计的目的与任务

室内设计的目的是创造满足人们物质需要和精神生活需要的室内环境，即以人为本，一切都要以人的生产生活活动为最基本的出发点。现今社会正处在一个经济、信息、科技、文化等各方面高速发展的时期，人们对自身所处的环境质量提出了新的要求，这也为室内设计的发展设置了新的目的与任务。

一、室内住宅设计的目的

兼顾功能性和美观性的室内住宅设计的目的包含两个方面：其一是最低目的，其二是最高目的。

最低目的是保证并满足人们在室内生存的基本居住条件以及物质生活条件，最低目的是设计师进行室内住宅设计的基础与前提。

最高目的是在实现最低目的的前提下，提高室内环境的精神品位，提升人们的生活水平与生活价值。因此，室内住宅设计师必须以人和人的精神需求为本，用有限的物质条件创造出无限的精神价值，实现物尽其用。

二、室内住宅设计需要完成的任务

室内住宅设计师在设计中必须明确室内设计的两个目的，还要运用心理学的分析方法，根据不同客户对象以及不同条件，综合运用各种设计方法以满足客户的不同要求。综上所述，室内住宅设计的任务主要有以下几种。

首先，满足人们的日常生活所需，主要表现在住宅空间的基本功能上，包括起居、用餐、休息、学习、工作、防火、防热、防冷、保温、贮藏等方面。见图1-31～图1-34。

其次，满足人们的感官需求，主要体现在视觉、嗅觉、听觉等方面。如果这些感觉得到很好的满足，就会给人们带来更多的环境舒适感。

再次，满足人们的心理需求。心理需求主要指使用者的情绪要求，设计成功的作品会给人们带来愉悦的感受。

最后，满足审美文化意识层次的需求，室内住宅设计的审美包括自然美和艺术美两个方面。

室内住宅设计的自然美主要是仿效自然因素的美，侧重于以自然原有感性形式直接唤起人们的美感，使人产生仿佛置身于美丽的自然环境中的感觉。室内住宅设计过程中使用室内绿化、室内盆景等可以达成这样的需求。

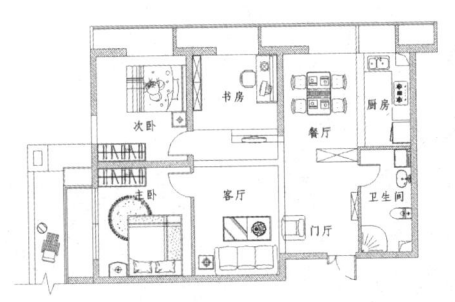

图 1-31　住宅空间功能分区平面示意图　　图 1-32　起居功能空间环境

图 1-33　会客、用餐功能空间环境　　图 1-34　工作功能空间环境

图 1-35　较好视觉的住宅环境设计

室内住宅设计的艺术美是生活与自然审美特征的集合，艺术美作为美的高级形态，来源于客观现实，但又高于客观现实，它是室内住宅设计师创造性劳动的产物。例如，建筑艺术并不是完全取自自然，而是遵循几何学比例的法则进行设计。同理，室内住宅设计符合形式美法则。

图 1-36 充满自然美元素的空间环境　　图 1-37 满足艺术美需求的空间环境

第四节　室内住宅设计的要求与原则

作为艺术创作领域实用性较强的分支之一，室内住宅设计始终是艺术美和实用性的有机结合。以人为主要服务对象的室内住宅设计要综合多方面的要求与原则，只有这样才能实现房屋的功能。

一、室内住宅设计的要求

（一）使用要求

在总体布局方面，室内住宅设计要具有合理的空间组织和平面布局，可提供符合使用要求的室内光、声、热效应，以实现室内环境物质的使用功能。一套住宅应具备这样六大基本功能，即起居、饮食、洗浴、就寝、储藏、工作学习，这些功能根据其开放程度还可以大体分为公、私两区，或称为动、静两区。公共区供起居和会客使用，如客厅、厨房和餐厅，私密区供主人处理私人事务和休息，如书房、卧室和卫生间等。这些分区各有其明确的专门使用功能，在平面设计上，应明确处理这些功能区之间的关系，使之使用合理而互不干扰。

起居室是动的空间，不仅要考虑到使用时人体尺度要求、各活动时间的使用和分配，而且要满足充足的光照和通风条件。起居室窗户设计得好，可加强人与户外空间的联系，从而扩大室内的视感空间。现在，有的户型起居室仍然保留着过去"过厅"的角色，有的户型设计了独立的起居室和交通空间分离，但也因此增加了户型面积。此外，还要考察起居室四周的墙面是否好用，开门、开窗、阳台、卫生间位置是否恰当，否则会影响家具的摆放与使用。

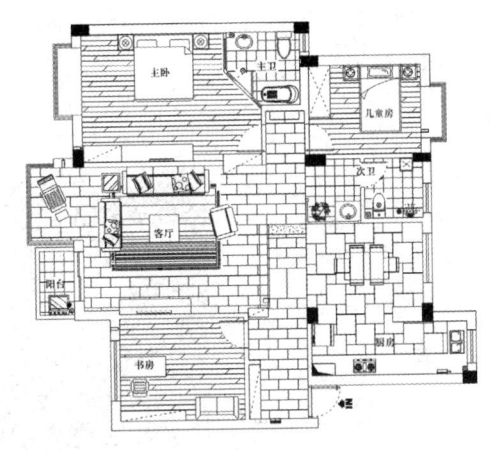

图1-38 使用功能齐全的住宅设计平面图

厨房是集储藏、备餐、烹调、配餐、清洗等功能于一体的综合服务空间，必备的条件是需要有足够的面积。所以在厨房这一部分，设计师要考虑户主的烹饪和餐饮习惯。就我国传统的烹调方式来说，开放式厨房便不适用于油烟排放。

卫生间需要满足洗面化妆、淋浴和便溺这三个基本功能，而且最好能有所分离。从位置来说，单卫的户型应该注意和各个卧室尤其是主卧的联系；双卫或多卫时，公用卫生间应设在公共使用方便的位置，但入口不宜对着入户门和起居室。从面积来看，带浴缸的卫生间净宽度不应小于1.6米，沐浴的净宽度不宜小于1.2米。

卧室一般来说，主卧室的面宽不应小于3.6米，面积在14至17平方米；次卧的面宽不应小于3米，面积在10至13平方米。此外，应注意卧室的私密性，和起居室之间最好能有空间过渡，直接朝向起居室的开门也应避免通视。

辅助空间包括阳台、储藏间等，这部分空间面积虽小，但在日常生活中的地位非常重要。比如储藏空间，包括杂物间、进入式衣柜等多种形式，可以有效地节省户内的家具空间。

总之，根据户型面积不同，室内住宅设计的使用要求便不尽相同。小户型经济住宅强调基本生活要求；普通型住宅强调主要功能齐全和空间的灵活适应性；豪华型住宅强调创造高质量的生活环境，注重细节，突出个性。在空间设计和设施更新方面，要符合空间交通、防火、卫生等设计规范，遵守与设计任务相关的定额标准；要考虑到调整室内功能、更新装饰材料和设备的可能性。

（二）精神功能

在风格样式和空间划分布置方面，室内住宅设计的空间构成和序列处理要造型优美，环境气氛设计要求符合建筑物的性格，光、色和材质配置要求宜人，这样才能实现室内环境的精神功能。

图1-39 材质、肌理和采光感较强的空间设计

重视住宅的精神功能是人的需求发展的要求。人是一种社会性的高级动物，有与社会活动和精神生活相关的高级需要，即归属与爱的需要，尊重需要和发展需要体现在人的自我实现。对爱和归属的需要是一种对社会的要求，人追求与他人建立友情，在自己的团体中求得一席之地，人的居住环境中要有为此创造条件的场所和空间。西方古典住宅中的大厅、壁炉前的起居会客区和我国传统住宅中的堂屋，都是住宅中的一种社交场所和空间

人们赖以生存、活动的室内空间环境，无论是居室私密空间还是公用公共空间，人一旦置身其间，必然会受到环境气氛的感染而产生种种审美反应。空间特征的不同，往往会造成不同的环境气氛，使人感觉空间仿佛具有了某种"性格"。例如温暖的空间、寒冷的空间、亲切的空间、拘束的空间、恬静优美的空间、古朴典雅的空间。通常来说，规则的空间给人感觉比较刚性、单纯、朴实、简单、秩序；曲面的空间比较丰富、柔和、抒情；垂直的空间给人以崇高、庄严、肃穆、向上的感觉；水平的空间给人以亲切、舒展、平易、安全的感觉；倾斜的空间给人以不安和躁动心理。

同时，几乎每个室内空间都具有一定的方向性，只是程度不同而已。一般而言，正几何形的空间具有向心性，稳定端庄；水平方向的空间性格比较开阔、舒展、平和；而垂直方向的空间性格与垂直线接近，引导视线向上，具有较强的纪念性。

这些室内"性格"的差异，赋予了各自不同的空间表情，引起人们心理的某些共鸣和震动，也使人有不同的审美反应。不可否认，室内的这种环境气氛的艺术活动，也构成了社会文化的一部分。

（三）选材要求

在选材方面，在采用合理的装修构造和技术措施的基础上，选择合适的装饰材料和设施设备，使室内设计具有良好经济效益的同时，也有利于人体健康。

对建筑材料的选用不仅是一个技术问题和经济问题，更是一个观念问题。通常房地产开发商和施工单位是从保障房屋结构安全的角度及应付工程竣工验收的要求出发，以较经济的价格来选购材料，完全是从企业和项目的自身利益角度来考虑。但发展节能省地型住宅与公共建筑，要求企业更新观念，跳出这种狭小的圈子，在考虑企业自身经济利益的同时，更要从有利于我国社会经济可持续发展的角度，从建设节约型社会的角度来思考问题。

在选材时，首先要符合国家的资源利用政策。为保证耕地面积，国家禁用或限用实心黏土砖，少用其他黏土制品；选用利废型建材产品，是实现废弃物"资源化"的最主要途径，也是减少对不可再生资源需求的最有效措施；选用可循环利用的建筑材料，例如，连锁式小型空心砌块，外墙自锁式干挂装饰砌块，砌筑时少用或完全不用砂浆。当需改变外装修立面时，能很容易被完整地拆卸下来，重复使用。

其次，要符合国家的节能政策。选用对降低建筑物运行能耗和改善室内热环境有明显效果的建筑材料，选用生产能耗低的建筑材料。

最后，建筑和装修材料不能损害人的身体健康。要严格控制材料中的有害物含量，使其低于国家标准的限定值；科学控制会释放有害气体的建筑材料在室内的使用量，必要时选用有净化功能的建筑材料。如利用纳米光催化材料（如纳米 TiO_2）制造的抗菌除臭涂料、负离子释放涂料及具有活性吸附功能、可分解有机物的涂料。将这些材料涂刷在空气被挥发性有害气体严重污染的空间内，可清除污染气体，达到净化空气的效果。但其价格较高，不能取代很多品种涂料的功能，而且需要处置的时间。因此，决不能因为有这种补救手段，就不去严格控制材料的有害物质含量。

一般来说，材料的价格与材料的品质是一致的，高品质材料的价格会高些，任何材料都有一个合理的价位。有些业主偏好竭力压低材料价格，价格过低必然会使高品质材料生产厂家望而却步，给低质量产品留了可乘之机，最终受损失的还是业主或用户。有些材料的品质在短期内是不会体现出来的,例如:低质的塑料管材的使用年限就少,在维修时的更换率就高;低质上水管的卫生指标可能不达标;塑料窗的密封条应采用橡胶制品,如果价格压得过低,就可能采用塑料制品,窗户的密封性可能在较短的时间内就变差;窗户的五金件用得差,可能在两三年后就会损坏,严重影响正常使用和节能效果。所以在选择室内住宅设计材料时要平衡好各种要素。

二、室内住宅设计的原则

(一)室内住宅设计的基本原则

现代室内住宅设计具有多样化的类型和风格,但它们在设计时需要遵循一些共同的基本原则。

1. 整体原则

室内住宅设计的整体原则在很大程度上决定了设计作品最终的优劣。它包含两个方面的含义:第一,整体原则是指室内住宅设计与其他因素的协调,包括外部环境、建筑物、环境定位、地域发展规划等。第二,整体原则也指室内住宅设计的内容应当是对室内环境整体性的规划。

2. 功能原则

室内设计是对满足人的生活与工作需要的建筑内部进行规划设计,为了创造并实现相对完善的空间功能,室内设计遵循功能原则,主要包含三方面内容。

第一,设计必须满足使用者使用空间的各种物质需求。室内空间的存在是为使用者提供各种特定"用途",设计者选用的材料、技术、结构构造等都是为这些"用途"服务的。例如,会议室的设计,包括空间形状、色彩、灯光、家具尺寸、电气设备,设计的原则都是满足会议室的功能和使用者具体行为的要求,会议的规模、会谈的类型、所需要的空间氛围及相关硬件配置是此类设计的根本。

第二,设计应当物化空间的认知功能。空间的外在形式不仅为使用者提供生活的物质平台,也具备向使用者传递信息的精神功能。例如,仅仅采用密排的书架、明亮的灯光,就可以向购买者指示出一个明确的购书场所;而采用角度倾斜的结构、纹理优美的木质书架,加上舒适无眩光的光环境,则传达出温馨、尊重、文雅等象征意味。设计者有效地利用各种形式因素,不仅可以向使用者传达正确的信息,还可以增加使用者的认同感和环境的存在价值。

第三,设计应当实现空间的审美功能。事实上,室内住宅设计作品一经实现,就自然地具有了审美功能。设计实现其审美功能时,应当唤起人的健康的、和谐的美感情趣。因此,作为现代设计师,首先要全面地提高自身的审美素质,以积极正确的人生观、价值观增强自身作品的审美体验。当设计师面对现代人们多元、复杂的审美需求时，内心应该是自由、充满希望的。

3. 价值原则

室内住宅设计的价值原则是指室内空间的设计在完成其必须满足的实际用途的同时，应在一定的投资限额下实现尽可能大的经济效益和额外价值。这可以从以下几方面来达成。

通过设计者的风格创造或适应地域的特有文化或习俗，增加作品的人文价值和社会影响；通过形式语言（形、色、质、声等）的有效组合，给人以丰富的想象空间，在投资限额内尽可能扩大作品的审美功能；通过对实现作品的物质手段（材料、工艺、结构、构造）的选择和调整，使设计与实施相协调，高效率、安全地完成工程施工。

（二）室内住宅设计的形式美原则

室内设计具有能被人们普遍接受的形式美准则——多样统一，即在统一中求变化，在变化中求统一。具体又可以分解成：均衡与稳定、韵律与节奏、对比与微差、重点与一般。

1. 均衡与稳定

自然界中的一切事物都具备均衡与稳定的条件，受这种实践经验的影响，人们在美学上也追求均衡与稳定的效果。这一原则运用于室内设计中，常涉及室内设计中对上、下之间的轻重关系的处理。

如图1-40所示，这一会客厅采用的是基本对称的布置方法，既可感到轴线的存在，同时又不乏活泼之感，电视背景墙上不规则的装饰图案、艺术饰品、矮茶几等，组合成现代与古典气息相融合的会客厅。

图1-40 会客厅内景

在室内住宅设计中，还有一种被称为"不对称的动态均衡手法"也较为常见，即通过左右、前后等方面的综合思考以求达到平衡的方法。这种方法往往能取得活泼自由的效果，如图1-41所示，气氛轻松，符合现代生活要求。

图1-41　不对称的动态均衡

2.韵律与节奏

现实生活中的许多事物或现象往往呈现出秩序的重复或变化，这也常常可以激发起人们的美感，造成一种韵律，形成节奏感。在室内设计中，韵律的表现形式很多，常见的有以下几种。

连续韵律是指将一种或几种要素连续重复排列，各要素之间保持恒定的关系与距离，可以无休止地连绵延长，往往给人以规整整齐的强烈印象。如图1-42中，通过连续韵律的灯具排列可形成一种奇特的气氛。

图1-42　具有连续韵律的灯具布置

渐变韵律是指使连续重复的要素按照一定的秩序或规律逐渐变化，如逐渐加长成缩短、变宽或变窄、增大或减小等。渐变韵律往往能给人一种循序渐进的感觉，进而产生一定的空间导向性。如图1-43所示，富有韵律变化的艺术灯具可以呈现出变化的艺术造型，并通过光影的变化使其具有非常好的渐变光影效果，是具有舒适感和雕塑感的现代时尚艺术灯具。

交错韵律是指把连续重复的要素相互交织、穿插，从而产生一种忽隐忽现的效果。法国奥尔赛艺术博物馆大厅的拱顶、雕饰件和镜板就构成了交错韵律，增添了室内的古典气息。如图1-44所示。

图1-43　富有韵律变化的艺术灯具

图1-44　法国奥尔赛艺术博物馆大厅的拱顶

起伏韵律是指将渐变韵律按一定的规律时而增大，时而减小，有如波浪起伏或者具有不规则的节奏感。这种韵律常常比较活泼而富有运动感。例如，旋转楼梯的使用可形成颇有动感的起伏韵律。

图1-45 旋转楼梯

3. 对比与微差

对比是指要素之间的显著差异，而微差则是指要素之间的微小差异。当然，这两者之间的界限也很难确定，不能用简单的公式加以说明。

例如图1-46，从黑白彩度里出发，探究时尚与奢华的价值，借由材质的融合与搭配，在空间中营造出深邃而又延续的感觉。

图1-46 对比在住宅设计中的应用

在室内住宅设计中，还有一种情况也能归于对比与微差的范畴，即利用同一几何母题。虽然它们具有不同的质感和大小，但由于具有相同母题，所以一般情况下仍能达到有机统一。

如下图中的会客厅，其中的屋顶、电视背景墙、茶几等包含了大量的弧线、圆形母题，所以在隔断、壁纸和沙发饰品的选择上采用了相呼应的不规则图案，虽大小和形状不同，但相同的母题使整个室内空间保持了风格上的一致。

图 1-47　相同母题在同一环境中的使用

4. 重点与一般

在室内住宅设计中，重点与一般的关系很常见，较多的是运用轴线、体量、对称等手法以达到主次分明的效果。例如苏州网师园万卷堂内景，大厅采用对称的手法突出了墙面画轴、对联及艺术陈设，使之成为该厅堂的重点装饰。

图 1-48　苏州网师园万卷堂内景图

从心理学角度分析，人会对反复出现的外来刺激停止做出反应，这种现象在日常生活中十分普遍。例如，我们对日常的时钟走动声会置之不理，对家电设备的响声也会置之不顾。人的这些特征有助于人体健康，使我们免于事事操心。但从另一方面看，却加重了设计师的任务。在设计"趣味中心"时，必须强调其新奇性与刺激性。

图 1-49　屋顶装饰有错落感和坠落感的木柱

此外，有时为了刺激人们的新奇感和猎奇心理，常常故意设置一些反常的或和常规相悖的构件来勾起人们的好奇心理。例如，在人们的一般常识中，梁是搁置在柱上的，木头是支撑或实用的，而柱子总是垂直竖立在地面上的。但在有的前卫室内装修中，却故意营造梁柱悬挂的场景，用这种反常的布置方式来吸引人们的注意力，并给人以深刻的印象。

图 1-50　悬挂的建筑构件布置

第二章 室内住宅设计的相关学科

现代室内设计日益重视人、物和环境之间的关系，崇尚以人为本的设计理念。因此，室内设计除了十分重视视觉环境的设计外，对物理环境、生理环境以及心理环境的研究和设计也予以高度重视，并开始运用到设计实践中去。

第一节 人体工程学在室内住宅设计中的运用

人体工程学是一门应用型科学，主要研究人以及人与机器、环境的相互关系，为人们能够更健康、高效、经济地实现各种目标提供科学的理论和定量的依据。室内设计是通过对室内家具、陈设的组织及室内物理环境、视觉环境等的处理，来满足人们生产、生活需要的实践活动。就室内设计领域而言，人体工程学是研究人、人与物、人与环境的内在关系，而室内设计是这些关系的外化表现，两者应该是灵魂与外相的关系。

将人体工程学应用到室内设计中，就是对人体进行正确认识，以人为中心，根据人的心理、生理结构以及活动需求等综合因素，使室内环境达到最优化组合。

一、人体工程学概述

人体工程学也称人类工程学、人间工学或工效学。工效学（Ergonomics）来自希腊文"Ergo（工作、劳动）"和"Nomos（规律、效果）"，即探讨人们劳动、工作效果、效能的规律性。

人体工程学起源于欧美，与文艺复兴和工业化密切相关。在工业社会开始大量生产和使用机械设施的情况下，为了探求人与机械之间的协调关系，人体工程学诞生了。第二次世界大战中的军事科学技术开始运用人体工程学的原理和方法，设计坦克、飞机的内舱时要考虑如何使人在舱内有效地操作和战斗，并尽可能使人长时间地待在狭小空间内而不会过分疲劳，即要处理好人—机—环境的协调关系。第二次世界大战结束后，各国把人体工程学的实践和研究成果迅速有效地运用到空间技术、工业生产、建筑和室内设计中，于1960年创建了国际人体工程学协会。如今，社会发展向后工业社会、信息社会过渡，更重视"以人为本，为人服务"的理念。

人们的生存环境离不开光线、良好的通风、室内温度的控制、隔音等，更离不开安全，这些内容构成了室内设计的基本要素，因此人体工程学与室内设计有着直接的关系。

人体工程学是一门人性化的学科，国际人体工程学协会对其定义是：研究人在某种工作环境中的解剖学、生理学、心理学等方面的因素，研究人和机器以及环境的相互作用，研究在生活中、工作中、休息时如何统一考虑工作效率、人的健康、安全、舒适等问题的学科。《中国企业管理百科全书》将人体工程学定义为研究人和机器、环境的相互作用以及其合理结合，使设计的机器与环境系统适合人的生理、心理特点的学科。

综上所述，人体工程学是以人的生理和心理特征为依据，应用系统工程的观点，研究人与机械、人与环境、机械与环境之间的相互作用，为设计操作简便省力、安全舒适、人—机—环境协调配合到最佳状态的工程系统提供理论方法的学科。

人体工程学运用到室内设计中时，其含义即以人为依据、以为人而设计为原则，运用人体的测量、生理、心理计测等方法，从人体的结构功能、心理等方面与室内空间环境的协调关系出发，创造出适合人们生活的室内空间。在室内设计中，要采用科学的手段，营造出各种有利于人的身心健康的舒适环境。首先，为确定人与人在室内空间活动中所需要的空间提供依据，确定不同性别、不同年龄段的人们的尺度、心理空间、活动范围、人与人交往的空间等空间范围与尺度。其次，为适合人们活动的室内物理环境设计提出科学依据。室内物理环境包括室内热环境、光环境、重力环境、声环境等，人体工程学通过计算与测量得到的数据对室内光照环境设计、色彩设计都具有重要作用。最后，为家具、设施、装饰品的设计、布置、使用范围提供依据。家具的主要功能是为人们提供使用功能，家具的形状、大小都必须以人体的尺度为主要依据；同时家具布置还需要按照人体工程学的尺度需求，预留一定的剩余空间供人们使用。

人体工程学的研究内容分为三个方面，即物理范畴、认识范畴和体制范畴。

物理范畴的人体工程学，主要研究与物理行为有关的解剖学、人体测量学、生理学以及生物力学等方面的特征。在所有人体工程学研究内容中，物理范畴的内容与室内设计的关系最为直接。如人体构造尺寸、人体功能尺寸是室内设计最基本的依据，它们决定了家具的原始形态、组合方式及室内空间的尺度等，是满足使用功能的保证；同样，生理学方面的研究为保障使用者的安全以及身体健康提供了必要的参数和极限指标。人体工程学在室内设计中的最初应用主要集中于物理范畴的内容，如龚锦编译的《人体尺度与室内空间》是我国正式出版的较早的系统讲解人体尺寸的著作，成为编写《室内设计资料集》等专业参考书的依据。

认识范畴的人体工程学，主要研究在各系统中人与其他元素相互作用时的智力过程，如感觉、记忆、推理以及运动反映等。早期的室内设计被称为"室内装饰"，以各个居室为对象进行使用功能设置和环境美化。如今的室内设计已经发展成为系统工程，在全面营造室内环境的同时，还须设计使用者的行为及行为模式。行为及行为模式的设计多以人体工程学中认识范畴的内容为基础，尤其以心理学为主。心理学中的一些学科如环境心理学、行为心理学等，都从不同角度研究了环境刺激、心智活动与人的行为之间的联系以及行为特征。这些方面的研究成果成为设计师进行室内行为及行为模式设计的理论根据。在解决了器具、室内空间等与人体相适应的课题后，人的行为设计及其科学性问题将成为室内设计的重点。

体制范畴的人体工程学，主要研究社会生产系统的优化问题，包括它们的组织结构、政策、协作等问题。在人体工程学中，体制范畴的内容似乎与室内设计关系较为疏远，事实上并非如此。许多体制方面的问题都化解在各种使用模式之中。从整体上讲，"人"是环境中的人、是群体或社会中的人，人的行为不仅与个体的心智活动有关，而且会与周遭的各种因素产生相互影响，如协作方式、生产模式、管理机制等。这些社会体制方面的内容，对室内环境设计提出了多重要求，成为室内设计必须考虑的因素。如目前西方发达国家的一些工作环境设计，非常注重团队协作、人际关系沟通、体现亲和力等方面的处理，在空间隔断、家具形式及布置等方面都进行了许多有意义的尝试。

可以说，人体工程学研究的都是生产、生活中的问题，目的是通过科技成果提高人们的生活质量；室内设计的目的也是通过营造优异的室内环境以提高人们的生活质量。二者的共同目的是室内设计与人体工程学之间强有力的纽带。

二、室内设计与人体尺度

室内设计的服务对象是人，室内空间的每个设施都是供人使用的，进行室内设计时要掌握人在各种状态下的尺度参数，了解人体的构造以及人体的主要活动组织系统。

人体的尺度是室内设计的基本参考资料，通过测量人体各个部位的尺度来确定个人之间、群体之间在尺寸上的差别。在室内设计过程中，合理地依据人体在一定状态下的骨骼、肌肉的结构来进行设计，可减缓人们的疲劳，提高工作效率，由此可以看出，人体尺度在室内设计中具有极其重要的作用。较常使用的构造尺度包括身高、坐高、体重、肘间宽度、臀部的高度、臀部至膝盖的尺寸、膝盖高度、膝弯高度、臀部至膝弯的长度、大腿的厚度等，分静态尺度和动态尺度两种。

静态尺度是指人体处于固定标准状态下测量的尺寸，会与人体有直接关系的物体有关，主要为各种家具、装饰设施提供参数依据，详见图2-1。动态尺度是指人们在进行某些功能活动时的人体尺度，人体的动作形态是相当复杂且富有变化的，如蹲、跑、跳等姿态，都会显示出不同的尺度和空间需要。

人常见的静态状态有站立、坐、卧三种。站立时人体的一种最基本的自然动作状态，是由骨骼和关节支撑完成的；人体的躯干结构支撑着上部身体重力和保护内脏不受损害，当人坐下时，人体的躯干结构不能保持平衡，人体必须依靠适当的坐平面和靠背倾斜以得到支持和保持躯干的平衡，使人体骨骼、肌肉在人坐下后能获得合理的松弛形态，为此人们设计了各种坐具以满足坐姿状态下的各种使用需求；卧的姿势能使脊柱骨骼的受压状态得到真正的放松，从而可以使人们得到较好的休息。（见图2-2～图2-3）

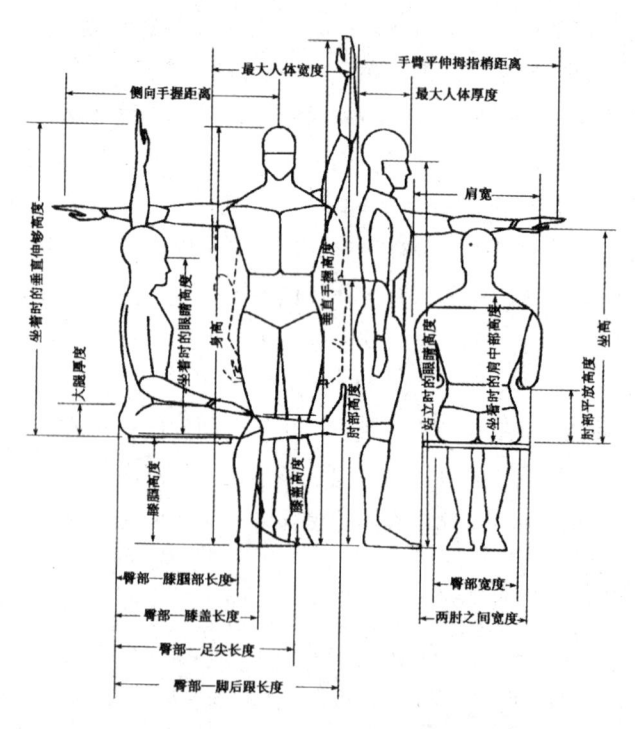

图2-1 静态构造尺度

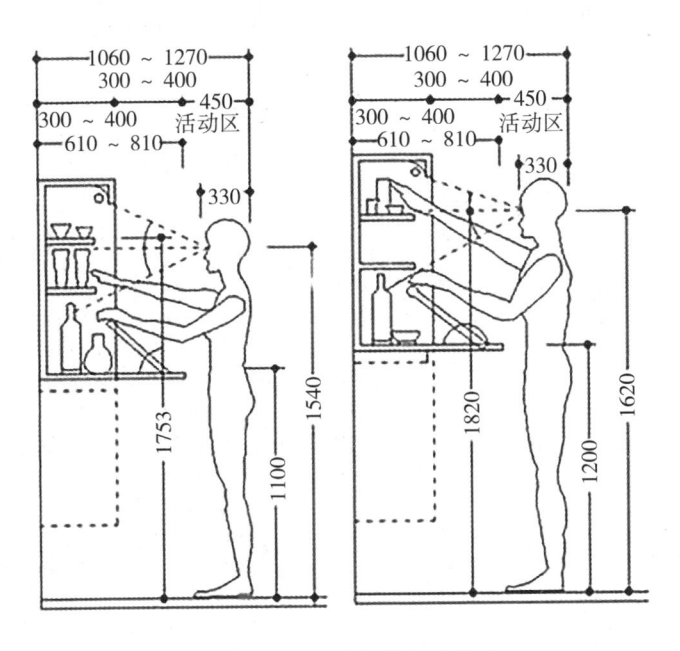

图 2-2 人与家具的尺度关系

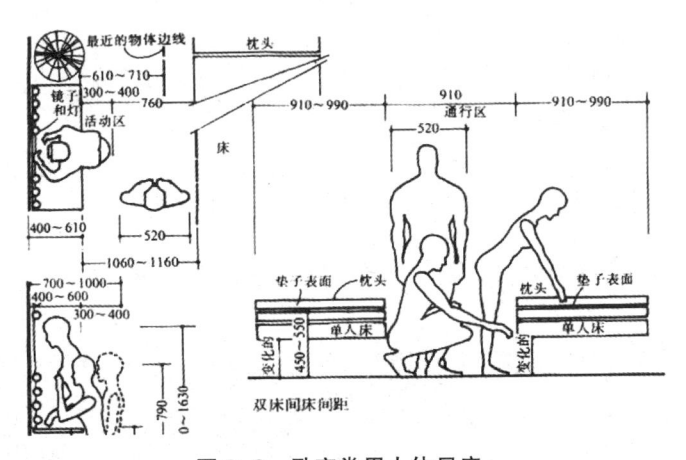

图 2-3 卧室常用人体尺度

但人体的尺寸会因地域、个体的差别而具有很大的变化，是不确定的数据。而且有一定的范围，如东方人与西方人在立姿上的差别（详见表 2-1）。我国各地区分布中人体尺寸的差别也很大（详见表 2-2）。因此，在室内设计中只能使用某个确定的参数值，由此引出百分位概念，其含义是具有某一人体尺寸和小于该尺寸的人占统计

053

总人数的百分比。大部分的人体测量数据都是按照百分比表达的。

表 2-1 人体各部位尺寸与身高比例

序号	名称	立姿 男 亚洲人	立姿 男 欧美人	立姿 女 亚洲人	立姿 女 欧美人
1	眼高	0.933H	0.937H	0.933H	0.937H
2	肩高	0.844H	0.833H	0.844H	0.833H
3	肘高	0.600H	0.625H	0.600H	0.625H
4	肚高	0.600H	0.625H	0.600H	0.625H
5	臂高	0.467H	0.458H	0.467H	0.458H
6	膝高	0.267H	0.313H	0.267H	0.313H
7	腕-腕距	0.800H	0.813H	0.800H	0.813H
8	肩-肩距	0.222H	0.250H	0.213H	0.200H
9	胸深	0.178H	0.167H	0.133~0.177h	0.125~0.166H
10	前臂长（包括手）	0.267H	0.250H	0.267h	0.250H
11	肩-指距	0.467H	0.438H	0.467h	0.438H
12	双手展宽	1.000H	1.000H	1.000h	1.000H
13	手举起最高点	1.278H	0.259H	1.278h	1.250H
14	坐高	0.222H	0.250H	0.222H	0.250H
15	头顶-坐距	0.533H	0.531H	0.533H	0.531H
16	眼-坐距	0.467H	0.458H	0.467H	0.458H
17	膝高	0.267H	0.282H	0.267H	0.282H
18	头顶高	0.733H	0.781H	0.733H	0.781H
19	眼高	0.700H	0.708H	0.700H	0.708H
20	肩高	0.567H	0.583H	0.567H	0.583H
21	肘高	0.356H	0.406H	0.356H	0.406H
22	腿高	0.300H	0.333H	0.300H	0.333H

表 2-2 我国主要地区人体各部位平均尺寸参考表

（单位：mm）

人体部位	较高身高地区（东北、鲁、冀）男	较高身高地区（东北、鲁、冀）女	中等身高地区（长江流域）男	中等身高地区（长江流域）女	较低身高地区（川、粤）男	较低身高地区（川、粤）女
人体身高	1 750	1 620	1 680	1 560	1 650	1 530
肩宽	420	387	415	397	414	386
肩峰到头顶的高度	293	285	291	282	285	269

续 表

人体部位	较高身高地区（东北、鲁、冀）		中等身高地区（长江流域）		较低身高地区（川、粤）	
	男	女	男	女	男	女
立正时眼的高度	1 513	1 475	1 547	1 444	1 512	1 420
正坐时眼的高度	1 203	1 140	1 181	1 110	1 144	1 078
上臂长度	308	291	310	293	307	289
前臂长度	238	220	238	220	245	220
手长度	196	184	192	178	190	178
肩峰高度	1 397	1 295	1 379	1 278	1 345	1 261
上身高度	600	561	585	546	564	524
臀部高度	307	307	309	319	311	320
肚脐高度	992	948	983	925	980	920
上腿高度	415	395	409	379	406	378
下腿高度	397	373	392	369	391	365
脚高度	68	63	68	67	67	65
坐 高	893	846	877	825	850	793
大腿水平长度	450	435	445	425	443	422

人体活动的空间尺度即适应行为要求的室内空间尺度，具有一定的相对性。对于活动空间来讲，空间尺度是一个空间的整体范围，在空间不变的前提下，使涉及环境行为的活动范围得到合理的规划，创造出适应人们心理需求、生理需求、行为需求的空间范围。根据室内空间的行为表现，室内空间可以分为小空间、中空间和大空间。

小空间指个体行为空间，主要满足个体的行为目的，如书房、卧室等，该类型空间具有较强的隐秘性。中空间指事务行为空间，这类空间具有既开放又私密的特点，是在满足个人空间的前提下，进行公共事务行为的空间，如办公室、教室等。大空间指的是公共行为空间，如商场、图书馆、酒店大堂等，特点是易于处理个体行为的空间关系。在这种空间中，人们的空间基本是等距的，还具有尺度大、开放的特点。

三、人体工程学在室内设计中的实际应用

众所周知，人体工程学为室内设计提供了大量的、科学的、量化的设计依据。可以说，目前室内设计所参考的资料、执行的标准，大都来源于人体工程学的研究。人体工程学对于室内设计而言是基础、是平台，但它对室内设计的影响绝不仅限于此，还表现在以下方面。

人体工程学对室内设计质量的促进。人体工程学在室内设计中的应用，有效地推动了专业的发展，使设计从盲目、感性的状态提升到科学、理性的层面，从而实实在在地改善了室内环境、提高了生活质量。人体工程学在室内设计中的应用，一方面提供了科学的设计依据，另一方面也为设计评价提供了评判的标准。人体工程学通过科学的研究，将以往艺术设计中的许多感性因素量化了，使设计和论证都有据可循。可以说，它的广泛应用使现代室内设计产生了三个方面的飞跃：第一，从经验走向科学；第二，从不自觉走向自觉；第三，从定性走向定量。这些进步促进了艺术与科学的结合，有效地提高了室内设计的质量。可以说，作为一门应用科学，作为人类文明进步的产物，人体工程学对提高生活质量、促进可持续发展有着深远的影响。

室内设计所涉及的范围非常广泛，如室内光环境设计以及室内色彩设计、室内声环境设计、室内家具、设施的形体、尺寸及组合布置等。

第一，室内光环境设计。在人们所获得的信息中，有90%来自光引起的视觉。因此，创造舒适的光环境，是室内设计的主要研究课题。室内采光分为天然采光与人为照明两种。天然采光不仅对人的视觉及健康有利，而且人们可以通过窗户看见室外的景色，同时它也是节约能源的最基本的手段。天然采光的主要部件是窗户，窗户分天窗与侧窗，常见的天窗有矩形天窗、水平天窗、锯齿形天窗、下沉式天窗等。侧窗窗型越宽视野越开阔，越高则光照深度越大。常见的侧窗如落地窗，视野开阔，可以获得与室外环境的紧密联系；高台窗可以减少眩光，并给人以良好的安全感和私密性。可根据室内环境的需要选用不同的窗型。

人工照明设计即利用各种人造光源的特性，通过灯具造型设计和分布设计，营造特定的人工光环境。照度是衡量室内光环境的一个重要的指标。室内照明设计中照度分布要符合人体工程学要求。如工作区域内，一般照明均匀度不宜低于0.7；非工作区的照度应低于工作区的照度。同时，室内光照环境还应保证适宜的亮度分布，通常被观察物体的亮度如果为相邻环境的3倍时，视觉清晰度较好。

第二，室内色彩设计。室内色彩应该有利于人们生活和工作情绪的稳定，并满足空间使用功能的要求，这是室内色彩设计的一般人体工程学要求。如办公空间及居室

的色彩会直接影响人的生活，因此使用纯度较低的灰色系列可以获得安静、柔和、舒适的空间感觉。而快餐店使用纯度较高的色彩可获得欢快、活泼与愉悦的室内气氛。

不同的色彩会给人以不同的心理感受，同时也会影响人的健康。比如，粉红色会给人温柔舒适感，但长期生活在粉红色的环境中，会导致视力下降、听力减退、脉搏加快，因此在居室设计中不宜大量运用；较小的空间以白色为主色调，会使空间获得宽敞感，但患孤独症或抑郁症的人不宜在这种环境中长期居住。

第三，室内声环境设计。室内声环境设计首先要避免噪音，方法有很多，如采用具有消音隔声功能的楼板、门窗，同时还可以用吸声板做室内墙面。另外，不同的室内空间环境对声环境的要求也不同，如教室、演讲厅等室内要求各处有良好的语音清晰度，音乐厅、剧场等室内要求能获得优美悦耳的音质。这就要求声环境设计要考虑到室内空间的容积、形体以及席位的数目等多种因素，根据不同的室内空间功能要求，采取合理的处理方法，同时还要避免回声、声影、声聚焦等多种内声缺陷。

第四，室内家具、设施的形体、尺寸及组合布置。随着室内设计的发展，家具、设施的种类也在不断地增加，家具、设施的形体、尺寸及组合布置是否符合人体工程学的要求，直接影响着我们的生活质量。如壁柜首先要按人机工程学的原则根据人体操作的可及范围来布置，其次要根据物品的使用频度设计不同的存储区域。再如，餐桌面必须保证每人至少有600mm宽的手肘空间，桌面与膝盖间要保持100-200mm的间隙等。

"以人为本，为人服务"是人体工程学研究的核心理念，它的研究成果大量地应用在室内环境设计之中，其中人的生理内容和心理内容是应用范围中最为普及的。室内环境是人类进行各种生产、生活的最主要的场所，室内环境设计的好坏不仅反映出人类社会的发展状况，而且直接关系到人类的生存质量。人体工程学的广泛应用，不仅能够有效地提高室内环境设计的质量，而且大大改善了人们生产生活的居住条件。深入而全面地理解人体工程学在室内设计中的作用与影响，有利于促进人体工程学在室内设计中更广泛、更深入、更合理的应用，从而创造更加美好舒适的生活环境。

第二节　环境心理学对住宅室内设计的影响

室内设计作为设计的一个分支，充分表现着设计的各方面特点。如果设计中融合人的心理需求，将具体表现出一种与众不同的特有的状态，而这种状态正是当下最热门的所谓设计个性化。

室内设计中的个性化是以满足人的心理需求为前提的。这里人的心理需求制约着设计某些方面个性发展的功能性因素，包括室内空间中的物理环境、生理环境、心理环境和视觉环境等因素，室内住宅空间设计应该以这些因素为基础。在室内设计中，人的心理需求是复杂的，从物质到精神，从生理到心理等诸方面都有着极高的要求。如何创造适合现代生活，能够满足人们生理和心理需要、高质量的室内环境，是一个急需解决的课题。室内设计不再仅仅是满足一定的使用功能，更重要的，一是要创造一个室内的生活环境；二是能给人视觉上和心理上，乃至行为上更具享受性的空间环境。因此也可以说，室内住宅空间设计的内涵其实就是一种顾及人的心理需求的思想，是对人性关怀的一种表现。

环境心理学是研究物质环境如何影响人类行为，以及如何创造最有利于人类生活的环境的学科，又称人类生态学或生态心理学。这里所说的环境虽然也包括社会环境，但主要是指物理环境，包括噪音、拥挤、空气质量、高度、个人空间等。

一、环境心理学起源

环境心理学的起源尚无定论。以时间和标志性事件为参照标准，1968 年，北美成立了"环境设计研究协会"（Environmental Design Research Association，简称 EDRA）。次年，《跨学科的环境与行为》杂志的发行，标志着环境心理学在以美国为中心的北美地区正式诞生。与此遥相呼应的是，1970 年，在大卫·坎特（David Canter）等人的提议和领导下，欧洲召开了首届"建筑心理学国际研讨会"（International Conference on Psychology of Architectural，简称 ICPA），1973 年正式成立的"人—环境国际研究学会"（IAPS）取代了前者。与此同时，坎特在萨里大学首开建筑心理学课程，1979 年，在他的参与下，《环境心理学》杂志创刊，以此为标志，欧洲的环境心理学也以正式身份走上世界舞台。大约同一时期，德国、西班牙和日本等国相继召开了相关的会议，创建专门的刊物，环境心理学得到巨大的发展。于 1974 年成立、1978 年改名的"人口与环境心理学"（Population and Environmental Psychology）又被称为"美国心理学会的第 34 个分会"，同时创办了《人口与环境心理学》杂志。该学会成立的最初目的就在于改善人类行为环境与人口之间的相互作用。

纵观环境心理学的研究主题，20 世纪四五十年代，受社会民主的影响，人们侧重于物理环境的非专业概念及其评价的研究；"二战"后，修造建筑物技术的提高使得因循守旧的室内设计遭遇了阻碍，人们逐步认识到建筑心理学的作用而开始考虑环境变量的问题；60 年代末到 70 年代初，心理学家开始再次放宽视野，关注环境污染和治理等问题；80 年代后，能源和技术等对人们生活的影响加剧，心理学家的关注点随之而来；此后直至当下的 21 世纪，由于国际范围内的频繁交流以及地区冲突的加剧，对环境、犯罪、文化等方向的研究成了新的研究主题。随着时代的变迁，环境心理学的研究主题也随之改变，但是，它始终关注的是其中不变的主线——人与环境之间的相互作用关系。

至于国内的环境心理学研究，自 20 世纪 80 年代左右从国外引进到现在为止，基本处在学习和模仿的阶段。与环境心理学的起源背景较为类似的是，国内对环境心理学的重视基本也是开始于建筑学、城市规划和园林设计等非心理学领域。近年来，心理学界对环境心理学的重视程度逐渐加深，表现为相关内容的论文和图书数量基本呈递增趋势。1993 年 7 月，吉林市召开了首届"建筑学与心理学研讨会"，大会论文在《建筑师》杂志上专刊出版。1995 年，正式成立了"中国建筑环境心理学学会"，现更名为"中国环境行为学会"。1986 年，周畅和李曼曼翻译出版了相马一郎与佐古顺彦合著的《环境心理学》。2000 年，林玉莲和胡正凡编著出版建筑学和城市规划专业的教材《环境心理学》。同年，在心理学范围内，俞国良等出版了应用心理学书系的《环境心理学》。2002 年，徐磊青与杨公侠编著发行《环境心理学》。此外，秦晓利的《生态心理学》一书与易芳的博士论文《生态心理学的理论审视》，也在一定程度上对环境心理学的发展进行了梳理。

二、环境心理学的主要研究课题

环境心理学与多门学科密切相关，如医学、心理学、环境保护学、社会学、人体工程学、人类学、生态学、城市规划学、建筑学、室内环境等学科。环境心理学非常重视生活在人工环境中的人们的心理倾向，把选择环境与创建环境相结合，着重研究环境和行为的关系、怎样进行环境的认知、环境和空间的利用、怎样感知和评价环境、在已有环境中人的行为和感觉等。

意大利建筑师布鲁诺·赛维曾说："在建筑中，人是在建筑内行动的，是从连续的各个视点察看建筑物的。"人与空间密不可分，对空间的需求是人类的基本需求之一。在室内环境中的人，其心理行为当然有个体之间的差异，但从总体上分析仍然具有共性，仍然具有以相同或类似的方式做出反应的特点。这正是我们进行设计的基础。人在室内环境中的心理和行为既存在个体之间的差异，又具有整体上的相同或类似性。由心理需求反应在行为上的表象有四种，分别是领域性与个人空间、私密性与尽端趋向、空间形态与心理行为、从众与趋光性。

（一）领域性与个人空间

领域性与个人空间都涉及空间范围内的行为发生，都是人们在心理上形成的空间领域。不同之处在于，领域性空间是地理学上的一个固定点，不会随着人们的移动而移动，而个人空间更多受到现实条件的影响，会因为人们的走动而发生变化，并随着环境条件的不同而发生方向、尺度上的变化。

领域性是动物在自然环境中为获取食物和繁衍生息地等以适应生存的行为方式，主要是一种空间范围。人作为高等动物，与动物相比，在语言表达、思维、意志决策与社会性等方面有着本质区别。但人在室内环境中的生活、生产活动，也总是力求其活动不被外界干扰或妨碍。不同的活动有其必需的生理和心理范围与领域，人们不希望轻易地被外来的人与物打破，如图2-4中独组布置的桌椅。

图2-4　公共环境中独组布置的桌椅符合人们的"领域性"需求

领域是指人所占有与控制的空间范围。领域的主要功能是为个人或某一群体提供可控制的空间。这种空间可以是个人座位、一间房子，也可以是一栋房子，甚至是一片区域。它可以有围墙等具体的边界，也可以有象征性的、容易为他人识别的边界标志或是可使人感知的空间范围。中国传统建筑中，小到四合院，大到紫禁城，无一不体现出强烈的领域感。领域实际上是对一个人的肯定以及对归属感和自我意识的肯定。因此人们常通过姿势、语言或借助外物来捍卫领域权。

在室内空间中，不同的长度、宽度、高度带给人的心理感受是不同的。空间顶部过低时会产生压抑感；在矩形的空间中会感觉稳固、规整，在圆形空间中会感觉和谐、完整，如中国大剧院的顶棚设计；波浪形的空间会给人活泼、自由的感觉。室内空间，从人的心理感受来说，并不是越开阔越好。当空间过于宽广时，人往往会有一种易于迷失的不安全感。人需要有安全感，需要一种被保护的空间氛围，因此，人们更愿意寻找有所"依托"的物体。例如在火车站和地铁车站的候车厅或站台上，人们并不是停留在最容易上车的地方，而是相对散落在厅内、站台的柱子附近，适当地与人流通道保持距离，因为在柱边人们感到有了"依托"，更具有安全感。所以，现在的室内设计中越来越多地融入了穿插空间和子母空间的设计，目的是为人们提供一个稳定安全的心理空间。

人们在进行交往的过程中，总是在随时调整自己与他人之间的距离，但与同伴交流时并不会保持多少距离。首先，人与人之间距离的调整是根据人们相互之间交往的形式变化的，不同情况下的空间距离差别也是相当悬殊的；其次，空间距离还受到人们之间的相互关系的影响，与人们之间的亲密程度呈正比关系，即关系越紧密，人与人之间的距离越近。当有人打破该距离规律时，就会使人产生不安的情绪，所以在办公室中的家具设计中很重视这一点，见图2-5。

图 2-5 办公室中考虑到个人空间尺度需求的家具设计

人的空间行为是一种社会过程。使用空间时，人与人之间不会机械地按人体尺寸排列，而会有一定的空间距离，人们利用此距离以及视觉接触、联系和身体控制着个人信息与他人之间的交流。这就呈现出使用空间时的一系列围绕着人的气泡状的个人空间模式。它是空间中个人的自我边界，而且边界会随着两者关系的亲近而逐渐消失。此模式充分说明了空间的确定绝不是按人体尺寸来排列的。只有当设计的空间形态与尺寸符合人的行为模式时，才能保证空间被合理有效地利用。因此，对人使用空间行为的充分考虑是进行室内设计的一个重要前提。

（二）私密性与尽端趋向

私密性是人与人之间界限的控制过程，包括寻求、限定接触的双向过程。人在特定的时间与环境中，有主观的与他人接触的理想程度，这种理想程度即为理想的私密性。

个人或群体控制自身在什么时候，以什么方式，在什么程度上与他人交换信息的需要，即为私密性。追求私密性是人的本能，它使人具有个人感，按照自己的想法来支配环境，在没有他人在场的情况下充分表达自己的感情。当然，它也使个体能够根据不同的人际关系与他人保持不同的空间距离。我们每个人周围都有一个不见边界、不容他人侵犯、随我们移动而移动并依据情境扩大或缩小的领域，称为"个人空间"。我们在与别人接触时会自动调整与对方的距离，这不仅是我们与对方沟通的一种方式，也反映了我们对他人的感受。美国社会心理学家霍尔发现存在着四类人际距离，即 0～44cm 的亲密距离、44～120cm 的个人距离、120～360cm 的社交距离、360～760cm 的公众距离。亲密距离如父母与子女、夫妻、恋人，个人距离主要指朋友或同事间接触的空间距离，社交距离是职场交往和商业会议时人与人之间的距离，公众距离则比较普遍，属于人际交往中的正式距离。这四个层次反映出不同情况下人们的心理需求，体现了公共性与私密性矛盾统一的界限，即既要保持领域占有者的安全，又要便于人群的交往。

私密性涉及在相应的空间范围内，对视线、声音等方面的隔绝要求，以及提供与公共生活联系的渠道。经过调查研究，发现了一个普遍的规律，即人们总是希望将自己置于视野开阔的环境中，而又不希望自己本身引人注目，并且不影响他人的活动。因此在空间设计中，总是接近、回避这一规律，即在保证自身安全感、私密性的条件下，尽可能地接受周围

图 2-6　室内靠近窗户的位置满足私密性需求

环境，那些既有良好观景效果，又能获得安静且具有安全感的位置，就成为人们的最佳选择，如栏杆、隔墙、水池边缘、房屋角落等，如图 2-6 所示。又如就餐的散客就餐时由于"尽端趋向"的心理需求，喜欢选择室内空间中形成的"尽端空间"。

（三）空间形态与心理行为

环境空间需要根据人们的生活经验及需求营造，体现人的行为活动要求和心理要求，与社会变化、风俗习惯等有内在的联系。同时环境空间也对使用者产生影响，通过人的知觉过程而改变其心理模式，从而形成一定的行为方式。因此，室内设计不仅需要设计环境的空间布局，还需要考虑人们的行为空间格局，即各种活动适宜地点和

空间特征、空间形态与人的心理、行为的相互关系。

（四）从众与趋光性

从众心理是人在心理上的一种归属表现形式，其在室内设计中也有一定的作用。例如，人们在公园、广场等大空间中，会选择趋于人们聚集的地方，这样会为其带来安全性；在电影院、商场等空间中，如遇到紧急情况时，人们会跟从人流行动，而忽视指示标志的作用，甚至都不会考虑行动的对错情况。这些都是从众心理的表现。

趋光性是人类的本能反应，人从诞生之时起就离不开光，位于黑暗中的人们具有选择光明的趋向，光为人们带来安全感。在室内设计中也不能忽略光的指向作用，如在紧急出口、楼梯、走廊等处设置灯光为人提供方向引导。

第三节 室内物理环境设计

"室内物理环境"是指构成室内环境的所有物质条件，包括所有对人的感觉、知觉产生影响的物质因素，这些因素正是建筑物理学的主要研究对象。建筑声学、光学和热工学常识，对于正确使用装饰材料、选择照明光源、合理确定室内照度、布置灯具、控制噪音、提高室内声音质量等，都是十分重要的。

物理环境设计所涉及的范围较广，其中主要包括太阳的自然光照、人工的灯光照明、室内的声学传播和设计时所使用的材质等，这些物理环境是构成室内环境的物质基础。我们的听觉、知觉、嗅觉和触觉都和这些物质条件紧密相连，并且这些因素也正是室内物理环境设计学所要研究的主要内容。掌握好声学、光学和热力学的基础知识，对于我们在进行室内环境设计时正确使用装修材料、选择照明灯具、合理进行室内布局有着极其重要的作用。在进行室内设计时，在尊重设计师创作主题的前提下，可以根据具体环境、具体功能，再结合业主的具体要求，进行下一步的设计和调整。大多数的设计项目都应遵守这一原则，倘若不大了解设计原则和设计知识，将难以胜任这一工作。

一、物理环境设计中光环境的应用

室内光环境设计的两个主要任务是光线的利用与控制。所谓光线的利用，是指如何将自然光引入室内，以何种形式获得适当的日间采光；所谓光线的控制，是指日光无法发挥作用时，如何为室内提供合乎功能要求的照明。这两个任务既有区别，又有联系。

在进行光环境设计时，要考虑的因素有很多，因为光是一种很复杂的东西。光线中含有很多的色彩，不管是看得见的还是看不见的，都有一定的波长，这些波长照射到其他物品上，又会反射回来。在设计时，我们要将它们细分化，既要考虑不同的房间用不同的光源，又要考虑墙体所用的涂料对光的反射作用，同时还要考虑到光的亮度和色彩对人的心情所产生的影响。

（一）采光

在建筑物的界面上，可以通过各种类型的开洞方式将日光引入室内。开洞方式主要有天窗（水平方向的）和侧窗（垂直方向的）两类。绝大多数的建筑物都采用侧窗的形式，只有少数特殊功能要求的建筑开天窗。

图 2-7　采光系数较好的天窗形式之一　　图 2-8　采光系数受周围建筑影响的侧窗

侧窗有单向、双向之别和部位的变化，天窗也有多种形式，不同开窗形式的光照效果也各不相同。自然光源有直射日光和天空光之别，直射日光是直接光源，天空光是充分扩散的光，与直射光相比其亮度的变化较小。当然，它也随季节、气候、时刻的变化而变化。如果室内各项条件固定，则其比值可以作为室内采光的指标来应用。这个比值用百分比来表示，称为采光系数。

采光系数并不由天气所左右，而是一个根据窗的大小、玻璃的种类、窗外遮挡物的状况、室内装修材料的反射系数等发生变化的量。在采光面上，即使接收到同等数量的光，因玻璃种类不同，室内的采光系数也会不同，工作面上的照度分布也不同。窗面积越大，采光越有利，但夏天的受热量也会变大，对热环境的控制是很不利的。另外，即使窗面积相同，设在高处的窗，室内采光系数要大，受到障碍物的影响小。天窗就是这样，由于受到相邻建筑物的影响小，可以提高水平面上（地面或工作面）的采光系数，且照度分布也比较均匀。

（二）明亮程度

"明亮"或"黑暗"是日常的用语，在室内环境中，其含义由于具体情况的不同而不同。例如，读书或者缝纫时，要有一定的光照度才合适，而房间过于明亮也会令人有不安的感觉。因此，从光源所发出的光量（发光强度）以及从墙壁、顶棚等各个表面上反射回来的光量达到何种程度最为合适，是室内设计中的一个主要问题。

要提高照度，可以通过使用大功率光源、增加灯具数量、利用直射日光等方法实现。但是，这时进入视野的各个面（包括灯具、窗户）的亮度却有显著的区别。照度越高，越容易看清对象，但所视对象与周围环境的亮度比超过1：3至1：5时，所视对象就很难辨认，且增加疲劳。在太阳下之所以不能读书，就是因为亮度明显不平衡，会损伤眼机能。

光照的现象大致可以分为两类，即方向性强的光（如直射日光）和漫射性强的光（如有云的天空光、有漫射性特征的灯光、来自室内各界面的反射光等）。直射日光可以提供十分充足的光量，但方向性非常强，一天之中的变化也非常大。把它作为光源引进室内的工作面，并不能获得所期望的光照，而要进行一些必要的处理。对一般的光源来说，方向性强的光与漫射性强的光是并存的。方向性强的光会造成明显的阴影，显示出物体的凸凹，给人稳固的感觉；而漫射性强的光则给人柔和的感觉，物体看起来比较平，深度感不强。

图2-9 方向性强的直射日光在卧室内的应用　　图2-10 人为制造的漫射性缓冲光

对于光的应用，还要因地制宜。结合室内的具体环境、具体要求，先调节出光色的使用比例和光色的深浅，然后再锁定室内的空间和大小，将光环境和室内环境融合到一起，最后设计出一个舒心的环境。例如，若想增大室内空间的透明度，让室内环境看起来敞亮一点，在选取装饰材料时，可以挑色调较浅的材料。此外，对色温的选

择也有讲究，夏天天气炎热，为了给人营造一种清凉的感觉，可以选择偏冷的色调；而冬天天气寒冷，为了让室内环境在感觉上给人以温暖，可以选择比较温暖的色调。

（三）"绿色"照明在室内设计中的应用

在当今社会的人工照明中，"绿色"照明逐渐进入人们的生活当中，并渐渐成为发展的主体，向着可持续发展的方向迈进。人工照明的出现离不开电的支撑，而电的出现，则给人类的生活带来了翻天覆地的变化，为人类的生活提供了很大的方便。但电的应用也消耗了很多的自然资源，所以除了节约用电之外，还要意识到节约资源的重要性，并且要坚持可持续发展的理念。

图 2-11　天窗对太阳光的应用与家具色调的配合

"绿色"照明提倡对人体无害、对周边环境无污染的理念。有些光不仅辐射性很强，并且穿透力也很强大，在对周边环境造成破坏的同时，对人的身体健康也时时刻刻构成威胁。在应用"绿色"照明时，我们要考虑到室内的空间方向感，注意照明光源的方向和角度，并且要尽可能选用有限空间均透性采光技术，尽量少采用传统的被动性天然透光技术。这是未来天然光照的发展方向，也是大势所趋。

二、物理环境设计中声环境的应用

在室内设计中，声环境的应用是极其重要的一个环节。声环境的设计不仅影响着人们的日常生活和工作，还能够对人的生理和心理产生极大的影响。因此，在室内进行声环境设计时，要严格遵守声环境设计的原则。

声音的传播需要介质，一般可以将介质分为三种，即固态、液态和气态。声音是由介质的振动产生的，人的听觉神经中枢能对声音产生反馈，进而使人们对声音有所辨别。物体间相互碰撞就能够产生声音，只是有的声音分贝很小，人几乎听不到。所以，室内设计在选择材料方面应有一个标准，这对减少噪音尤为有效。在日常生活中，减少噪音的方法随处可见，所利用的设计方法也比较多样化。例如，在大型会议室中将会议室的地面铺上一层地毯，这样在开会的过程中，无论是人员来回走动，还是物品掉落到地面上，地毯都能够起到一个缓冲作用，进而减少噪音的产生，将噪音对会议所产生的影响降到最低。有些场所比较注重听觉效果，如电影院，因此在进行设计时，可以选取吸声效果比较好的材料，因为声音在传播的过程中像光线一样，在遇到物体时会产生反射。如果所选用的材料吸声能力强，则可以减少声音的反射，这样就能很好地减少不必要的噪音，使听觉效果达到最大化。甚至设计时有的墙体会被设计成凹凸不平的小坑，这样也可以减少声音的反射，从而起到很好的效果。

三、物理环境设计中材质的选用

（一）地板的选用

木地板弹性好，不起灰，易清洁、不返潮、蓄热系数小，常用于起居室、卧室等。其可分为实木地板、实木复合地板、强化木地板等。

实木地板多用在平房或楼房底层。因直接接触地面，湿度大，所以选用楸木、红松、白松地板，因为这三种木材受潮后不易变形。且木材不拼、不接加工而成的地板，有温暖柔和、自然宜人、隔音、脚感好等优点。由于全国各城市地理位置不同，当地平衡含水率也相应不同，应购买含水率与当地平衡含水率相均衡的地板。

实木复合地板的基材就是实木，但要注意甲醛释放量，其他方面类同于实木地板。

强化木地板以高、中密度纤维板为基材，表面由耐磨层、装饰纸等制成。作为新型节能铺地材料，它具有独特的优势：第一，主要用料采自于人工建成林、枝丫材；第二，经过热压强化处理，克服了实木地板干缩湿涨的缺点，尺寸的稳定性也好；第三，图案、色彩、品种丰富，仿真性好；第四，结构设计合理，安装简便快捷；第五，无须打蜡、抛光，保养简单；第六，表面光泽度和耐磨性远远高于实木地板。选购强化木地板时需要注意甲醛释放量和耐磨系数。我国国标规定的甲醛释放量是≤5mg/L，所以低于或等于5mg/L均符合国家标准；家用复合地板转数应≥6 000转，而公共场所应≥10 000转，否则使用1—3年后就可能出现不同程度的破损。

（二）吊顶材料的选用

在室内进行物理环境设计时，吊顶是经常用到的一种方法。常用到的吊顶材料有很多种，如木板、玻璃、金属、石膏、PVC等。吊顶是人的视线经常接触到的地方，因此，吊顶的设计对人的感官有着极其重要的作用，并且和室内空间的布局也紧密相关。在对室内进行整体设计和规划时，要合理地选取装饰材料，选取的材料对功能性要求较高，并且还要求美观一致。在吊顶时，选用的材料要求较轻，不能选取过重的材料，因为房顶的承载力有限。同时，还要考虑到突发事件，如选用的材料防火性能要好，在发生火灾时能够起到很好的防火作用。

石膏板是目前应用最广泛的吊顶材料，它不仅起到装饰美观、良好吸音的作用，而且还具有较强的防火和阻燃作用。较常用的有浇筑石膏装饰板和纸面装饰吸音板。

浇筑石膏板具有质轻、防潮、不变形、防火、阻燃等特点，而且施工方便。纸面吸音板具有防火、隔音、隔热、抗震动性能好、施工方便等特点。

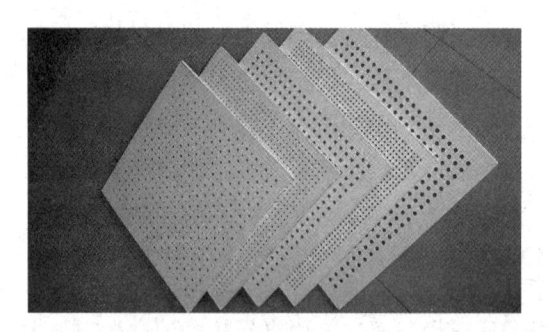

图 2-12 石膏空心条板是发展较快的一种轻质板材

PVC 扣板是以聚氯乙烯树脂为基料，加入一定量抗老化剂、改性剂等助剂，经混炼、压延、真空吸塑等工艺而制成的吊顶材料。具有重量轻、安装简便、防水、防潮、防蛀的特点，且图案丰富、耐污染、好清洗，有隔音、隔热的良好性能，以及强大的装饰效果，成为卫生间、厨房、阳台吊顶的主要材料。

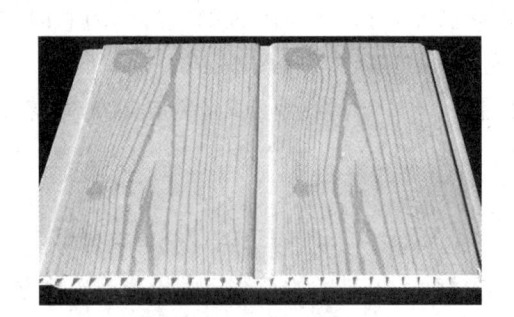

图 2-13 PVC 扣板材料　　图 2-14 PVC 扣板在卫生间的装饰效果图

金属制品吊顶是一种集多种功能和装饰性于一体的吊顶金属装饰板。与传统吊顶材料相比，其质感、装饰感更强。可分为吸声板和装饰板（不开孔）两种。吸声板是根据声学原理，利用各种不同穿孔率的金属板来达到消除噪声的效果，孔型根据需要有圆孔、方孔、长圆孔、长方孔、三角孔、大小组合孔等不同孔型，底板大都是白色或铝色，如图 2-15 所示。

图 2-15　木质吸声板

另一种是金属装饰板，特别注意装饰性，线条简洁流畅，造型美观，色泽优雅，有古铜、黄金、红、蓝、奶白等颜色。规格恰好与普通住宅的宽度相吻合，与大理石、铝合金门窗等材料连接浑然一体，高雅华丽，为安静的居室环境锦上添花，见图2-16和图2-17。

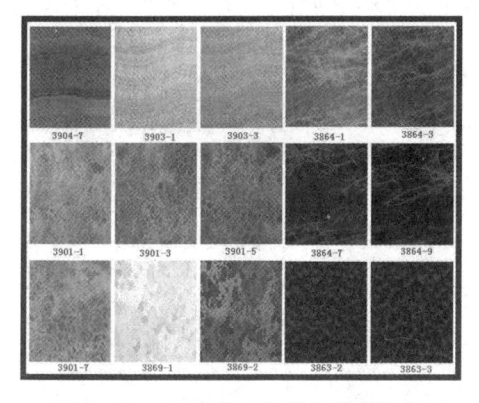

图 2-16　不同类型与花色的装饰板 　　图 2-17　装饰板在住宅设计中的应用效果

（三）卫生洁具的选用

卫生洁具有很多种，并且应用也比较广泛。大多用于卫生间和厨房，如洗面器、坐便器、浴缸、洗涤槽等，主要由陶瓷、玻璃钢、塑料、人造大理石（玛瑙）、不锈钢等材质制成。

卫生间里最重要的两样卫生洁具是坐便器和浴缸，这两样东西有的是用塑料制成的，有的是用不锈钢材质制成的，而最常见的材质是大理石。这些材质一般由户主包给施工人员进行装修。因此，在材质的选择上，施工人员应该根据业主的喜好进行选择，需要对业主的生活习惯有一定的了解。

以坐便器为例，坐便器分为很多种，有普通型坐便器和加长型坐便器，排水分横向排水和直接下排。直接下排时一定要计算好与墙体之间的距离，这个距离是指地面（坐厕）和墙面之间的长度；而横向排水坐厕要明确地距概念，所谓地距，是自坐厕后排水口中心线距地面的距离。在进行装修时，一定要精确测量，才不会出错，一旦计算有偏差，或者是安放位置不准确，则在以后的使用中会逐渐暴露出很多的问题。另外，很多人在选择坐便器时都会有一个观念上的误解，即认为坐便器上的水箱越小，节水效果就会越好。事实上，水箱的大小并不能决定坐便器是否节水。真正对节水起到决定作用的，是坐便器的冲排水系统，以及应用在水箱中的配置，是否是节水型坐便器，应该以此为标准进行衡量。

面盆类型有柱式盆、挂式盆、台式盆等（见图2-18～图2-20），其中水龙头是关键部分，其关键部位是阀芯，好的阀芯为陶瓷制。在日常生活中水龙头经常会出现问题，不是打滑就是破损，其实这是在进行材质选择时不注意材质品质而造成的。各种洗浴盆都和水龙头的应用紧密相关，因此，在进行材质的选取时应该注重材质的品质。一般高品质的洁具釉面光洁，无色差、针眼、缺釉现象，硬物敲击陶瓷声音清脆。

图2-18　柱式面盆　　　　图2-19　挂式面盆　　　　图2-20　台式面盆

物理环境设计在室内设计中具有很重要的作用，它一方面决定着人们的工作是否高效，另一方面决定着人们的生活是否健康。物理环境设计师必须紧跟时代的步伐，保持足够的创新精神和创作意识，以人为本，在向他人学习时要能够做到取其精华、

去其糟粕，这样才能在进行室内设计时营造出一种良好的物理环境。这不仅是这个时代的要求，更是优秀室内设计师不可推卸的责任。

第四节　色彩心理学的运用

近现代的科学研究表明，色彩对人的心理可以产生明显的调节作用。例如，当人们看到红色时，大部分人的第一反应就是喜庆，因为红色大都出现在婚礼上，人会不自觉地被这种"喜庆"所暗示，这种微妙的暗示会让人产生愉悦的心情；而在看到大面积的黑色时，会产生"黑暗""压抑""葬礼"这样的暗示，并不自觉地产生悲伤情绪。这些正是色彩心理学这一学科的由来。

由此可知，室内住宅中通过色彩营造出的空间环境，也会对人的心理产生重要影响。因此，每一个进行室内住宅设计的人都要对色彩进行合理筹划和运用。

一、室内色彩与心理

艺术心理学家认为，色彩直接反映人的情感体验，它是一种情感语言，所表达的是一种人类内在生命中某些极为复杂的感受。梵·高曾说："没有不好的颜色，只有不好的搭配。"而在最能体现人敏感、多情的特性并与人的生活息息相关的室内住宅设计中，色彩几乎可被称作其"灵魂"。

现代色彩学的发展使人们对色彩的认识不断深入，对色彩功能的了解也日益加深，色彩在室内住宅设计中处于举足轻重的地位。有经验的设计师十分注重色彩在室内住宅设计中的作用，重视色彩对人的物理、心理和生理的作用。他们利用人们对色彩的视觉感受，来创造富有个性、层次、秩序与情调的环境，从而达到事半功倍的效果。色彩是室内住宅设计中最为生动、最为活跃的因素。

生理学研究发现，房间的色彩能直接影响到人体的正常生理功能。例如，房间的颜色能影响人们的视力，而各种颜色中以青色或绿色对眼睛最为有益；房间的颜色对食欲也有很大影响，黄色和橙黄色可以刺激胃口，能增进人的食欲；房间的颜色还会影响人的睡眠，一般来说，紫色有利于人们镇静、安定，能使人尽快进入梦乡；书房或客厅以棕色、金色、紫绛色或天然木本色为宜，都会使人有温和舒服的感觉，加上少许绿色点缀，会觉得更放松；卫生间用浅粉红色或近似肉色会令人放松，并觉得愉快，而且同时要注意不要在卫生间使用绿色的地板，因为从墙上反射的光线会使人照镜子时觉得自己面如菜色而心情不愉快。

人的视网膜上有主导人视觉活动的锥状感光细胞，主要分为感红色素、感绿色素和感蓝色素，与美术绘画色彩学上的三原色相类似。感红色素对红光最敏感，感绿色素对黄绿光最敏感，感蓝色素对蓝光最敏感，对其余颜色的感受均由这三种细胞按不同比例分解其所含色素得出。与绘画艺术中的色彩均由"红""黄""蓝"三原色调和得出是一样的道理。几乎全世界的心理学家和美术家都一致认为，颜色对人的心理状态有着它特有的神奇作用，诱导着我们每一个人的生活意向。

色彩最易操控人们的知觉、心理与情感。色彩是由光照显现的，没有光即无所谓颜色，是光创造了万紫千红的色彩世界和五彩缤纷的人类生活画卷。色彩的强弱变化充满着节奏与情调，不但大自然的色彩如此，我们日常生活中的衣、食、住、行、用、玩等都离不了色彩的影响。所以说，色彩艺术对人体心理健康的影响是不容忽视的。

当人们看到色彩时，首先会勾起对生活的联想与情感。海洋、冰雪给人的感觉是清凉寒冷的，阳光、烈火却给人以温暖的感受；紫红色富有刺激性，能使人振奋精神，注意力集中；蓝色调来自天空、大海，既给人一种心胸开阔、文静大方的感受，又能使人受到诚实、信任与崇高的心理熏陶；绿色是大自然的颜色，常常给人一种祥和博爱的感受，它能令人充满青春活力；黄色是太阳的本色，它饱含智慧与生命力，让人显得年轻有朝气；白色使人觉得纯洁可爱；红色的热情让人有一种勇敢的冲劲，它能鼓舞人的情绪。

二、室内色彩的选择

在室内住宅设计中，色彩的选择应注意以下几点。

1. 根据职业特点做出选择

不同颜色进入人的眼帘时，会刺激不同部位的大脑皮层，使人产生冷、热、深、浅、明、暗等各种感觉，并产生安静、兴奋、紧张、轻松的情绪效应。室内住宅设计中的色彩心理学，正是利用这种情绪效应来调节人的"兴奋灶"，从而达到减少或消除职业性疲劳的目的。例如，如果户主的工作是用眼强度比较高的职业，或是需要长时间处于户外强光下，那么他的住宅色彩最好选择绿色或蓝色，这样可以使视神经从"热"感觉过渡到"冷"视野；而如果是在商场等色彩比较密集和多样的场所中工作，那么住宅中的主色调以中性白色为宜，这样可以使一天里比较繁复的心很快"冷凝"下来。

2. 根据房屋面积和家具状况做出选择

一般小型化结构的住宅以单色为宜，采用较明亮的色彩，如浅黄、奶黄，可增加住宅的开阔感，利用住宅色彩衬托家具可使住宅或显朴素大方或显庄重高雅。

3. 根据住宅周围环境进行选择

如果住宅周围建筑物有红砖墙或红色涂料墙的光线反射，那么住宅色彩就不宜用绿色或蓝色，而宜用奶黄色；如果窗外有大片树木、绿地的绿色光线反射，那么墙面也宜用浅黄或米黄色。

住宅中的颜色最佳为乳白色、象牙色和白色，这三种颜色与人的视觉神经最为适合，因为太阳光是白色系列的，白色在一定程度上代表着光明。人的心和眼都需要用浅色调来调和，而且家中白色系列最好配置家具，白色系列同时也代表着希望。

此外，木材原色也是住宅设计时优先考虑的最佳色调。木材原色易使人产生灵感与智慧，尤其是在书房中，应尽量用木材原色。总而言之，各种色调不可过多，以恰到好处为原则。

第三章 室内住宅设计的流程

室内设计已经成为一门独立、完善的学科,指按照不同的空间功能特点以及使用目的,从美学角度对建筑物的内部空间进行装饰、美化,它是一种表现艺术。从20世纪20年代开始,新建筑营造的新的室内空间与传统的室内设计产生了巨大的反差,进过近百年的发展和演变,现代室内环境设计行业在世界范围内得到发展。

设计流程是一个理性思考和条理化的工作过程,该流程比较复杂,只有通过对理论知识的学习以及大量的工作实践,才能对其有所理解和认识。本章主要介绍室内住宅设计的流程。

第一节 室内住宅设计的基本类型

住宅产品的供给有这样几种形式:一是毛坯房,地面与墙面水泥裸露,厨卫预留管道接口;二是部分装修半成品房,墙面与地面已完成粉刷,厨卫基本具备使用功能;三是菜单式装修房,这是借鉴发达国家"用户参与设计"装修的理念,由开发商或建设单位提供装修样板房供选择,满足购房者一定的个性需求;四是一次性精装修成品房,由开发商统一装修,购房者没有选择余地;五是全配置式成品房,指的是开发商提供的经过统一装修且配置全部家电等日用生活品的住宅。

事实上,传统的毛坯房已包括了对住宅框架主体的初步装修,比如门窗安装、墙面粉刷等,可这并不能满足户主的使用与审美需求。因此用户常常自己组织二次装修,这就必定要除去已有的装修,造成资源的极大浪费与环境污染。

一、一次性装修

对业主购买的新房,也就是毛坯房进行装修,就是一次性装修。对毛坯房进行设计，设计师可以最大限度地发挥想象力，限制比较小。

装修一次到位有利于节能减排，有利于推进住宅的产业化发展，是利国利民的好事，应予以推广。

图 3-1　毛坯房一次性装修前后对比图

二、二次设计改造装修

对业主原来装修过的房子重新进行改造装修，这种居住空间类型的设计，需要全部或者部分拆除原有的设施，对于居住空间的装修工程来说，复杂性增加了。考虑到不同业主对于旧房屋的不同的新需求，这对设计师和建筑师的专业水准是一个相当高的考量。

三、全设计装修

全设计装修，也是近几年政府和各大开发商所大力推行的。它在交付的时候就已经包含了基本满足消费者意愿的质量上乘的装修设计，消费者可以直接入住。住宅全装修已经成为政府力推的制度，建设部经过多次论证，已经推出《商品住宅一次性装修实施细则》。目前市场上的全装修住宅以单身公寓为主。这种类型的设计装修一般都是界面装修，家具由居住者自己购买，可以满足使用者的一般个性化需求；也有配置全部家具的精装修房，这样的房子虽然个性化程度低，但方便性大大提高，居住者只要拎包即可入住。

四、样板间设计装饰装修

现代房地产开发商为了推销自己的房子，通常都会建造几间样板间，样板间的设计和装修是居住空间设计装修中比较特殊的类型。

样板间是商品房的一个包装，也是购房者装修效果的参照实例，因此其好坏可直接影响到房子的销售。由此可见，样板间的消费者是房地产公司，而不是一般的消费者，其所面对的是由一群对房产有深刻理解的专业人士组成的特殊消费者。所以，样板间的设计要求相对要更加专业，一般会委托比较知名的设计师进行设计。

样板间是楼市发展的一个产物，作为住宅文化的一种表现，近年来越来越受到房地产开发商的重视和广大购房客户的喜爱。而且家具业也越来越多地引入了样板间模式，引导消费者通过"体验"来进行家具选择。样板间设计的视觉效果非常重要，对舒适度相对有所忽略。设计的档次一般会高于它本身的定位，风格也比较前卫，材料运用讲究，特别重视展示效果，色彩有适度的刺激性，

图 3-2 装饰考究的样板间展示

陈设布置、艺术品的点缀有品位，能够引领相当多的消费者进行模仿。

第二节　室内住宅设计流程的优化设计

室内设计是一个循环过程，从接受设计任务到完成设计目标到设计评估，是一个串行交织的立体化过程。每一个过程都应该以设计为中心，明确从设计管理者到每个设计师在这个循环系统中所处的位置，准确完成其设计任务，使设计顺利进入施工环节。在进行施工环节时，设计与施工应协调配合，控制好施工过程中对于设计质量的管理。另外，还需要协调好施工材料、设备等与社会各部门的整体配合。最后，在室内住宅设计理论体系尚不完整的情况下，我们需要严格按照室内住宅设计与住宅建筑设计标准开展设计工作，避免违规操作。

一、准备阶段

在我们长期的设计过程中，通过对人日常生活的进一步研究和发掘，针对住宅的精细化的设计，而"量身定做"人性化的合理居住空间，并以更加完善的系统和全面的解决方案来应对家庭生活中的各种问题，使设计成果更加精细化，设计流程更加科学、规范。接到设计任务之后，应对实际情况进行调查并且做出任务书提案。

对设计流程的优化，首先是对设计任务书的优化，对于各阶段设计成果文件的内容、深度，以及设计表达方式、文件提交方式、数量等相关要求应明确规定，亦可明确设计任务书作为合同附件，与设计合同具有同等法律效力。

二、计划阶段

以往的室内住宅设计工作只限定于室内部分,而现有的工作内容通常会牵涉建筑设计甚至更多其他专业设计领域。因此,对周围环境的了解与协调十分必要。

居住空间在使用功能上会因业主目的不同而产生不同的效果,除了基本居住需求外,可依业主居住需求来调整局部单元的空间功能。需要对空间性质、空间量以及风格式样进行分析与讨论。

三、设计执行阶段

设计执行阶段首先要制作设计服务建议书,包括设计工作计划、设计方法与限制以及风格主题等,明确说明设计工作的主要方向。另外,在设计服务建议书以外,可增加制作过程中的透视图、3D效果图、模型、建材板、照明计划或五金计划等可看性的设计内容。

四、设计与施工的配合

施工过程中,设计质量与施工的协调尤为重要。既要保证施工的可行性进度,又要考虑设计质量是否达标,以及施工过程中对设计质量的控制与管理。

(一)设计为施工提供条件

设计时应考虑施工的方便性,为装配式施工创造条件。为提升精装修质量和减少低现场污染,避免手工制作对产品质量控制的不确定性,因此大批量精装交房项目通常采用先进的装配式精装修施工模式,即大部分部件(尤其是橱柜、门、固定家具、墙面装饰板等)采用工厂加工、现场安装的规模化、集成化、产业化生产及施工方式。

(二)设计与现场误差

设计师应向现场管理人员充分了解现场误差可能达到的量,与施工管理人员对误差的范围应达成共识,对可能产生的误差有足够估计。尽量使设计能够适应这个误差范围,设计和施工协作将误差有效地控制在合理范围内。

(三)设计效果与施工难度的关系

在设计过程中,设计师往往追求优美的视觉效果和优良的品质,有些设计手法对施工工艺的要求可能比较高。对于大批量精装交房的项目,对施工工艺的过高要求往往会造成成本和工期的增加,如果实际工艺达不到要求还可能造成相反的效果,降低项目的品质。因此,在设计效果与施工难度之间产生矛盾的时候,需要慎重对待,要通过分析判断进行权衡和取舍。

（四）设计阶段施工与设计的配合

设计师往往缺乏现场施工经验，设计有时会过于理想化。为避免项目施工过程中才发现这些问题而造成施工方工作的被动及大量的变更洽商工作，施工单位应提前跟进设计工作、参与图纸审核，尽量避免设计中存在的问题带到施工中去。

（五）施工过程中的设计问题

在施工过程中，相关要求或条件有时会发生变化，现场设计管理人员应采取适当措施应对这些变化。施工过程中如遇增加设施，应根据整体设计情况进行二次设计。对于"照图施工"的理解与执行"照图施工"是现场施工应遵循的一个重要前提，遵照设计图纸施工非常重要。目前国内很多家装的施工现场都没有图纸，而是施工人员凭经验进行装修。另外，设计图纸难免存在错误和疏漏，图纸虽经层层审核、道道把关，但难免有"漏网之鱼"。施工过程中如发现设计的缺漏或明显不合理之处，应及时纠正，而不能被动地"照图施工"。

五、施工与验收作业流程

施工开始前后，会有许多事情需要办理。所以必须先做好施工计划，厘清前期有哪些事情必须处理，工程进行中如何对工程进行管控；对质量进行查验；其后的请款工作，乃至于工程变更的准备及相应的工作。在整个过程中，必须建立一套完善的流程，使施工人员在施工过程中有据可循。

施工作业完工之后还需要制订验收计划，验收计划所需的时间表、各个阶段的验收时间确认好之后，整个工程将进入最终的预检阶段。

（一）内部验收

内部验收是在业主验收前所做的事前检查，对于发现的问题，应该正视记录并要求承包商或者施工人员按照施工规范的原定标准完成。

在工程进行过程中，需要一些查验清单及手续协助施工单位或施工人员做自我检查的工作，对工程可能造成重大影响的部分应预先做查验。对于后来的验收工作，也必须依据各阶段的查验单作为凭证。

在各个设备系统完工且周边环境达到测试设备系统的标准时，应将设备全部启动，并且处于满载阶段的运转模式，以测试各系统的可靠度。

在接近完工阶段，必须再次清查估价单的列项及竣工图纸的内容与现场是否有出入，各系统的连接是否有变更，与竣工图纸是否吻合，各变更项目是否按照图纸完成，做到现场与竣工图基本吻合。

最后，内部验收时必须将工地彻底清除干净，仅留部分较为细致的饰面工程继续进行，在干净整洁的环境中才可能对饰面工程进行查验。

内部验收完成后，必须留有一定的维修时间，以备最后的查验工作。进行内部查验时，必须将更隐蔽工程的查验文书准备好，以在最后的查验工作时提供备查。

（二）交付竣工图

竣工图的重点在于机电、空调等隐蔽工程的施工图纸。这部分的图纸是未来查验等工作的依据。完工后交付竣工图时，必须与业主（或业主委托的承办人）一一针对竣工图内容查验各线路及控制点。最好由承办人或业主亲自签字，确认竣工图绘制无误。

竣工图纸最重要的，是对现场尺寸及饰面材料等的说明必须与现场一致。如果现场尺寸的变更是由设备空间的因素造成的，那么在竣工图中说明时，必须将引起尺寸变化的因素说清楚。另外，对现场尺寸、管线走向及系统配置的方式，均需按照竣工图纸进行核查。

（三）完工验收

完工验收实际上有两个阶段的工作，一是现场查验，二是查验记录（或会议）整理。在现场查验只能发觉部分问题及解决较为简易的问题，对其他较有争议或无法立即决定的解决方案，应该以会议方式或通过文书记录来说明。

（四）维修计划

维修计划是根据完工验收记录的决议而制订的。对于需要修缮或变更的部分，施工单位必须依据实际情况，该申请或变更追加的部分应该及时办理。对于原装修缺失的部分，必须按照约定的时间完成。工程验收之后，必须等到完全合格通过才能移交业主使用。如有受损的部分，施工单位应与业主及时协商，并加强验收过程的详细程度，以免将来有争议。

最后，在室内工程完工后，需要有一个总结性会议。因为每个工程项目都可能会出现一些衔接上的问题及材料上的问题。工程总结会议不只是对工程流程的研究与讨论，也是对于材料应用的总结。

六、社会化加工生产与施工作业流程的协调配合

装修工程是落实室内住宅设计的重要工作，这个阶段将图面的叙述转化为实际的成果，设计初期的空间计划、视觉效果及材料运用都需要借由施工人员的执行和社会化加工生产的协调来落实。由于装修工程所使用的材料及工法的复杂度高，而且各种环境的问题、材料特性的发挥及工作的流程或顺序，会因为每个工程或设计师和业主的要求不

同而有差异。因此，成熟的社会化加工生产与施工作业流程的协调配合至关重要。

在日本，施工单位已经在方法的改进上花费了大量精力，对于周边资源的配合，已经与社会环境结合成一套特殊的运作模式。施工者与材料供货商，在特定经济条件及信用度上取得一定默契。因为这层关系，日本的市场本身也受到部分局限。所以每个单一工种的团队或多或少会有跨领域的意向存在，以适应小组织多功能的需求，谋求自身最高的经济获益率。对于工作时间的流程控制与搭配，也充分达到彼此配合、使时间达到最优效率的状态。

成熟的社会化加工生产可以大大提高现场作业效率和产品品质，并保证成本、工期；降低施工现场管理难度。近年来，我国的家装工程业发展固然快速，但在缺乏竞争力及人力不足的状态下，在工程管理及工程质量的要求上，不能迅速建立一套有效的工地管理模式。在读图、解图到施工计划展开方面虽具备初步能力，但在高质量的要求下，往往达不到要求的标准。对于不同工种和不同材料，生产供应商的阶段配合与交叉施工作业中存在不足。

第三节　明确户主需求

明确需求指的是要分析客户的各种需求，比如功能、经济、美学方面的，并总结分析客户基本情况；还有一部分是明确室内空间的需求，因为住宅设计不能只以屋主的意愿为准，一定程度上房屋空间格局或细节因素都会限制或激发设计师的设计灵感。

要制作出符合客户需求的设计，首先需要与客户沟通，明确客户的需求，收集第一手资料，这些资料是设计师进行设计的依据。本阶段的工作主要有以下几项：与客户交流及咨询、实地考察、分析预算。这几项在时间上并无固定的先后顺序，可能在实地观察和分析预算的过程中都需要及时了解客户的意向。

一、与客户交流及咨询

与客户交流的这个部分非常重要，需要得到的信息有很多，可以统称为第一手设计资料。内容包括客户的年龄、职业、性格、个人喜好、装修风格定位等，要充分理解和感悟客户的需求，就分歧达成共识；随后确定设计理念、功能安排、设计风格、主材、设备、家具以及造价范围，并且请客户签字确认。

咨询也是设计前期准备的一项工作方法。室内设计师要想向业主获得比设计任务书更多的设计信息，首先要在理解任务书的基础上，能够有针对性地提出更多的有助于设计的问题，而不是让业主自己诠释任务书。实际上此时如果室内设计师已经对设计任务有一个笼统的设想，但存在许多疑问，这就说明他已经开始思考，有思考就会有问题要问。如果室内设计师自己事先不主动思考，是不会有疑问的，那么咨询也就不会有结果。因此，善于提问就是一种工作能力的表现。

二、实地考察

查阅资料和沟通交谈是积累与获取房屋信息的方法，而考察实例却能得到室内实际效果的体验，这对于室内设计师做同类型建筑的室内设计时会有很大的参考价值。其首要目的是就自己所要进行的室内设计项目，在空间上把握尺度，了解室内空间环境的情况并现场测量，尽可能多地收集用于设计的客观资料。例如，了解室内空间环境所在的楼层、采光效果、方位、管道等细微对象的分布情况，为设计的构思提供客观依据。其次，实例的许多设计手法和解决设计问题的思路，在实地考察时有可能引发设计师的创作灵感，在实际设计项目中可以借鉴发挥。如立管位置、插座、灯头位置，风管、风口布置情况，暖气片位置及长度，卫生间的下水洞口，烟道、风道、壁柱等凸出物的状况，外窗在洞口安装的位置是距墙中还是靠里皮，梁下皮距室内地坪的高度及其截面尺寸，台阶步数及尺寸等。凡是室内设计的细节尺寸都要一一标出，特别是室内住宅设计，更要把每一个空间变化的尺寸都做详细记录。

另外，实例中许多细部的构造设计、线条收头、施工做法是最生动的教科书内容。往往书本上的这些知识并不好理解，也不会有实际效果的体验与评价，而在实例现场可以一目了然，也便于直观琢磨，甚至可以将节点的实际效果与具体尺寸对照记录下来，在设计中借鉴时也会做到心中有把握。总之，在考察实例时，要善于观察、细心琢磨、勤于记录，"处处留心皆学问"，这是室内设计师应具有的专业素质。

现场考察除了能够搞清室内空间状况外，还有一个作用就是可以在现场进行初步构思。比如对平面的调整、空间的利用、墙面和洞口的移位、高度的调整、结构设备对室内设计的限定等，都可以有一个实际的感性认识和印象。总之，只有对现场情况了如指掌，才能在室内设计阶段得心应手。

三、预算分析

对于设计师所做的设计，从图面落实到实际所需要花费的金额是业主所关心的。对于其工程预算，也可概括地分析某部分的工程可能会花费多少，哪些是不能节省的，哪些是有弹性的预算，装修费用的总额是否合乎投资成本与效益，以免出现资金周转不到位或结余过多而业主不满意装修效果的情况。

第四节 制作设计方案

在明确客户和居所空间需求之后，就可以开始制作设计方案了。

一、明确设计内容

（一）室内平面设计

最能反映功能信息的就是平面。在平面设计中，我们研究的是室内设计的首要问题，即人的使用问题。它反映在平面中各房间之间的关系是否有机、房间是否有缺项、房间布局是否符合人的生活秩序等，室内设计只有正确回答了这些基本问题，才能考虑其他要素。因此，平面设计也是室内设计程序中所有工作环节的基础。

1. 完善功能布局

根据条件分析中对建筑平面布局的全面检查，将局部功能布局不甚合理的房间进行调整，这是展开室内平面设计的前提。调整的原则是各房间的布局应符合该建筑类型的功能设计原理，如住宅建筑各个房间在总体布局上要做到公共区（客厅、餐厅、厨房）与私密区（卧室、书房、储藏间）大体上分区明确。应该说，这一基本要求在建筑设计中已经做到，但某些住宅设计总会在这个基本设计问题上出现偏差，或者住户有新的要求。那么室内设计师在条件允许的情况下，一定要尽可能将功能调整好。

2. 提高平面有效使用系数

从经济性考虑，我们要尽可能扩大居住空间的使用面积，以提高平面使用系数。而在合理的标准下，尽可能减少辅助面积，这一点在住宅设计中特别重要。

首先要按设计规范确定正常的过道宽度，按交通流量确定过厅大小，再以舒适度和空间感对照是否有减少交通面积的必要。有时，明眼人一看就会觉得交通面积过于浪费，此时减少交通面积势在必行。不过，若是在建筑设计方案上反映上述问题，是可以及时纠正的；但如果建筑已成事实，若是用轻质隔墙形成的辅助面积，还有可能通过移动轻质隔墙压缩辅助面积，若是承重结构划分的辅助面积，则需要较大的工程量。

但是，压缩交通面积有时会受到建筑技术因素的制约，无法把面积减下来。此时可以换一个思路，即从提高交通面积的使用价值考虑，如将一部分面积作为景观来设计，这样不但提高了交通面积的环境质量，而且因增加了功能内容，实际上减少了交通过剩面积，可谓一举两得。

有时，为了提高平面有效使用系数，不是压缩辅助面积，而是在原有辅助面积的基础上，再扩大一点，以此增加功能内容，从而提高平面有效使用率。如在一个有内院的文化娱乐建筑中，沿内院的走廊纯属交通面积，倘若将走廊适当加宽，而作为敞开式展览之用，此时面积增加有限，但平面使用率却大大提高。当然，前提条件是这种面积的扩大不能违背结构、构造的技术要求。

室内任何一个房间的门都不是随意定位的，它总要受到房间大小、家具配置及与相邻房间的关系等若干因素的影响。倘若建筑设计中考虑不周，一旦室内设计发现这个问题时，就要立即着手改造。

3. 改善平面形态

房间的平面形态与功能使用要求和视觉审美有很大关系，有时与房间的面积大小也密切相关，在平面设计中对这一问题应特别关注。

所谓平面形态，包含两个内容：一是平面形状；二是平面比例关系。

室内平面的形状，一般而言（特别是对于小房间）多为矩形或方形，因为它们与常规家具形状较匹配，利于家具配置设计。而异形平面，如几何形中的三角形、多边形、圆形、弧形等平面，若房间面积较大，房间的家具配置要求较宽松，则可采用异形平面，只要符合形式与内容有机统一的原则即可。而异形平面与小房间的使用功能将产生一定矛盾，因此在平面设计中，若遇有这种情况，需要做些补救工作。平面形状在大多数情况下，建筑设计都会予以合理考虑。但在个别情况下，特别是旧房改造项目中，完全要靠室内的平面设计工作加以完善了。

4. 组织室内流线和布置家具

按建筑设计常规方法，小房间的门总是靠墙角布置，且留半砖墙垛。但是在有些情况下，这并不是最合理的设计。例如，在一间办公室中，若一个房间门和一个阳台门都沿一边墙布置，则两者之间的流线就与沿墙家具发生矛盾，或者流线不简洁，或者家具布置受影响。若要改变这种不利情况，有经验的室内设计师会将阳台门移位，使阳台门居开间中心，以使家具沿墙布置，而流线也不会占用有效使用面积。可见，一个门洞位置的改变就会影响一个房间的使用质量。

(二) 室内空间设计

1. 一次空间设计

完善室内的一次空间设计，建立在室内平面设计阶段对建筑使用功能研究的基础上，深入考虑每个房间在高度、方向上的尺寸，以满足各种类型建筑室内空间各自对空间体量的要求。对于这种空间高度上的尺寸确定，一般可按建筑设计规范所规定的相应要求来确定。在特殊情况下，还要根据这个空间使用人数的多寡，或者技术条件而确定。合理确定空间体量的尺寸，要将使用功能与精神功能两方面的要求综合起来加以解决。另外，在旧房改造中，由于功能性质的改变，原有空间形态势必要做相应调整，以便按新功能要求重新配置空间序列和完善各个空间形态。

2.二次空间设计

室内设计师在进行空间设计时，真正大量而重要的工作是空间二次设计。因为人的生活是多样化的，而不同的人的生活又是多元化的，如此丰富多彩的生活方式不可能容纳在建筑设计的一次空间里，这就需要从一次空间中划分出具有特定小环境或特定功能内容的空间，以适应多种多样的生活需要。所以，二次空间设计就是对小环境的创造。它在整个室内设计中起到充实空间内涵、丰富空间层次、增添空间景色，以及更好地满足人的物质功能和精神功能要求的作用。所以，如果没有二次空间设计，就谈不上真正意义上的居住空间室内环境设计。

但是，二次空间设计并不意味着在一次空间里用实体再围合成一个封闭的"盒子"，而多半是虚空间（即潜在的心理空间）。它往往没有泾渭分明的边界线，而是呈现多种多样的形态。我们可以通过各界面的变化，或者各种分割的手段，如装修、家具、陈设以及绿化、饰品、水体等多种要素进行小环境的创造。

（三）家具配置

当平面设计完成后，就要考虑各房间的家具及设备的具体配置问题。同时，进一步由此检查平面设计的细节是否还有不完善的部分并进行修改。这一阶段的设计工作更趋细致，甚至按厘米来推敲尺寸。

各种室内家具都有常规尺寸，室内设计师要对它们了如指掌。如双人床平面尺寸为2 000~2 100mm×1 500~1 800mm；单人床平面尺寸为2 000mm×1 000~1 200mm，书桌平面尺寸为1 200mm×600mm、1 300mm×650mm或1 400mm×700mm；衣柜进深为600~700mm；单人沙发平面尺寸为700mm×700mm，三人沙发平面尺寸为2 100mm×700mm；书架平面尺寸每单元为700~800mm×350mm；方形餐桌平面尺寸为800mm×800mm，圆形餐桌直径多为800mm、1 000mm或1 200mm。这些家具的基本尺寸都是进行配置的依据，任何对尺寸概念的理解偏差，都会使家具配置设计不合理。

对设备尺寸的掌握也是如此。如卫生洁具、灶台洗池、实验台甚至各种电气设备等，其尺寸常常决定着配置的方案是否成立，或者与平面形态是否有机结合。室内设计师能够熟悉这些设备的尺寸，可以使配置方案建立在可行的基础上。

当然，在一些情况下，可能采用非标准家具类型。此时，或者自行设计，或者定做，但不管哪一种情况，都是在常规家具尺寸的基础上进行变化的，一些基本的尺寸不会因为家具形式的变化而改变。如家具高度的尺寸，因与人的尺度相协调，基本上不会有太大的失真，低柜高度基本为600mm，桌案台的高度基本为750~800mm，高柜高度基本为2 100mm左右，椅的坐高基本为350~400mm，等等。因此，记住这些基本尺寸有助于正确展开家具的配置设计工作。

就设计方法而言，目前仍处在方案创作阶段，有很多不确定因素常常会影响设计进程。为了提高设计效率，根据图示思维的特点，我们仍提倡手脑并用的工作方法。与建筑设计推敲方案手段不同的是，在做室内家具配置设计时，可以借助家具模块进行方便有效的工作。其方法是先绘制1∶50比例的建筑平面图，再按同样比例用硬纸制作各类家具和设备的平面模块，然后按功能要求像玩拼图游戏一样在平面图中摆布。需要注意的是，尽管是在平面中研究家具配置，但在脑中一定要建立起空间形象概念，因为我们不只要关注平面功能的合理性，也要关注这些家具、设备立起来的空间形象，以及它们从视觉艺术上是否成功。一旦觉得不满意，可以随时变动纸制模块位置，直到满意为止。

（四）立面、顶面、地面设计

1. 立面

室内的平面设计、空间设计以及家具设备的配置设计完成以后，主要解决了有关使用的舒适性的功能设计问题以及室内空间形态完善的问题，这两个问题的解决意味着室内几个垂直界面基本定位。紧接着要对垂直界面本身进行设计研究，垂直界面是住宅空间的结构支撑、空间围合与分隔手段。除此之外，垂直界面作为人流活动和家具等室内一切构成要素的背景，又处在人的正常视野之内，因此它的视觉艺术效果就成为我们关注的重点。这就需要对垂直界面做细致的立面设计，其内容包括立面的色彩设计、立面的材质设计和立面的装饰设计。

首先研究立面的色彩设计问题。因为人的视觉对色环境最敏感，而且我们最终是要用装饰材料来美化墙面的，所以立面色彩设计是室内视觉艺术设计的基础。对室内的色环境进行考虑，或者从色彩构成上决定几个墙面的用色布局，以此作为选材的依据。

其次，立面色彩设计要依靠材料的运用来实现。但是色彩学上的颜色与材料的显色并不一致，绘画是用色彩表现材料，而室内色彩是通过材料表现颜色。因此在明确了室内色彩基调后，就要与相应材料的选用挂钩。也就是说，室内设计师对什么样的材料具有什么样的天然色泽，应该心中有数。即使是同类材料，由于产地不同，在色泽上也会有微妙区别。甚至同样产地的材料通过不同的施工方法（如石材的磨光与打毛），材料的显色也会有所不同。只有对材料的这些显色性能都应有所了解，在室内设计中选择材料时才会得心应手。

最后，室内几个墙面因处在人的正常视野之内，较之地面、顶面有更多的机会被人的视觉感知，因此它的视觉艺术处理就成为立面设计的重要内容。当然前述有关立面的色彩和材质也是立面的装饰性要素，它的美是固有的。这里讨论的是附加在墙面上的装饰性手法，如大型壁画、挂毯、浮雕、字画、挂饰等。这些装饰性物件并不是随意可以上墙的，更不能到处堆砌，否则名目繁多的装饰物会破坏室内整体的艺术效果。

2. 地面

地面作为人的各种活动及家具设备等所有室内构成要素的依托，主要考虑地面应平滑，既要满足行走的易行性，又要保证安全性，同时，由于行走时会产生噪声和振动，还要充分考虑材料的吸声性能和发声性能。地面材料由于经常受到人的行走和物体拖动产生摩擦，因此耐久性也是室内设计对地面材料要考虑的问题。总之，地面在人的有限视高范围内因其显露程度不及墙面和天棚，因此地面的设计主要考虑上述问题即可，在视觉艺术要求方面并不苛求同立面设计一样。

3. 顶面

顶面作为室内空间的覆盖面，因其位于人的上方，具有室内空间形象的概括力和控制力，人仰视时能一目了然，因此顶面的设计对于室内设计的整体效果尤为重要。但顶面设计不像立面设计和地面设计那样把材质作为重要的考虑因素，它只着重考虑如何满足技术要求和发挥造型艺术的魅力。室内顶面的结构形态具有美的价值，能够顺其自然，以其结构美作为顶面的造型艺术表现是明智的设计手法，通过局部吊顶与结构形态共同构成顶面造型艺术形式，也不失为好的手法。

二、设计任务书

设计任务书是确定工程项目和建设方案的基本文件，是设计工作的指令性文件，也是编制设计文件的主要依据。

任何一个环境艺术设计工程，无论其规模如何，总会涉及政治、经济、文化、社会、伦理道德、审美、材料等多方面的问题。由于室内设计是一个综合复杂的系统工程，即使是在同一个项目中，由于承担的任务不同，在实际操作中的着眼点也是不同的。在工程实施阶段难免产生矛盾，而设计任务书实际上就是为了解决以上一系列问题的。

（一）设计任务书的制定

设计任务书用于在项目实施之初确定设计总体方向与要求，要求包括设计的室内空间物质功能要求和室内空间审美要求。设计任务书是制约委托方（甲方）和设计方（乙方）的具体法律文书，只有甲乙双方均遵守该任务书，才能保证项目的正常实施。按照表现形式，设计任务书可分为招标文书、投标文书、意向性协议书、正式合同等。

在制定设计任务书时，任务书在形式上需要体现两方面内容：第一，需要表现出该任务书是按照委托方（甲方）的要求而制定的。任务书内容是以委托方（甲方）成熟的设计理念为基础的，要求设计方（乙方）的设计方案忠实地体现其构思要求。因此，室内设计师（乙方）需要加强与委托方（甲方）的交流，以使设计方案能完美体现委托方（甲方）的构思与意图。第二，任务书是按照委托方（甲方）提供的工程投资额的限度要求制定的。本内容要求委托方（甲方）对项目工程投资额已确定，因此要求在设计任务书中提供项目造价的概算。

设计任务书往往是以合同的附件形式出现的。任务书的主要内容包括项目地点、项目在建筑中的位置、项目的设计范围与设计内容、项目设计的总体风格、项目不同分区的划分、项目进度要求、项目的图纸类型。

（二）设计任务书的分析

设计方（乙方）在拿到委托方（甲方）的设计任务书后，需要对任务书的内容及隐藏含义进行深入分析。

第一，分析设计项目的实施功能。在项目设计过程中，室内设计师由于受到物质、主观意识等因素的影响，在做出正确的设计决策前，需要进行严格的功能分析，包括社会环境功能分析、建筑环境功能分析、室内环境功能分析、设备和技术功能分析、室内环境尺度功能分析、室内陈设功能分析。

第二，分析制约项目实施的因素。根据项目设计的任务书，室内设计师需要对设计方案进行可行性分析，弄清楚制约设计方案实施的因素。

第三，分析社会政治经济因素。每一个项目的制定，均需要根据主持建设的国家、政府、企事业团体、个人的物质文化需求、经济条件、生活方式、风俗习惯等因素决定。

第四，分析文化素养及审美道德因素。无论是室内设计师还是项目委托方，双方心中的理想室内空间、审美爱好、社会层次、宗教信仰等不一定相同，因此设计方案需要考虑这方面的因素。

第五，分析经济、技术因素。设计任务书还需要考虑当时社会的科学技术、材料、结构、施工技术等因素。

第六，进行初步设计。提出符合客户需求的设计理念、功能安排、风格构思、主材、家具、设备、造价等建议，制作平面图、主要部位效果图、材料推荐表、设备和家具推荐表等，征求客户意见。

第七，深入设计。制作装饰装修施工图、水电施工图、设计说明、专项设计，与专门的技术人员配合。向客户和施工负责人进行设计技术交底，解答客户和施工人员的疑问。

第五节　施工图纸阶段

设计方案确定后,需要制作各类施工图纸,而这些施工图纸是保证项目准确无误实施的必要保证。

一、方案设计阶段

在完成设计准备工作之后,即进入方案设计阶段。方案设计阶段将进一步收集、分析、运用与设计项目相关的资料,进行设计方案的构思、立意,制作设计项目的初级设计方案,通过与委托方(甲方)沟通,对设计初案的分析修改提供设计文件。

初级设计方案包括以下内容:选用材料样板,如家具、设备、灯具等可用照片,织物、石材、木材、墙纸、地毯等均宜采用小面积的实物;平面图、平顶图、立面图、剖面图、彩色效果图等;设计说明及项目造价概算;若委托方(甲方)有特殊要求或者设计项目较大,需要提供项目的三维演示动画。

二、施工图设计阶段

室内设计是在二维平面中完成具有四维(包括时间)要素的空间设计,图画的表现手法主要有三种,分别是徒手画、透视图和正投影图画。

徒手画即首先通过速写作画,再对速写的画面进行描线和拷贝。这种表现手法主要用于平面功能布局、空间形象构思的表现,属于设计草图中的一种。透视图包括一点透视、两点透视、三点透视等,是表现室内空间形象视觉效果的最佳形式。正投影图主要包括平面图、立面图、细部节点详图、剖面图等,是用于方案和施工图的正图。

室内设计画面的制作基本按照设计思维的过程设置。具有平面功能和空间形象构思的草图,是室内概念设计过程中的图面主体;立面图、细部节点详图等正投影图,是室内设计师设计理念的体现,是施工图设计阶段的图面作业主体。

施工图是对设计项目的最终决策,是设计与施工之间的桥梁,是工人施工的最直接依据。施工图的设计要把握以下几点:

第一,不同类型材料的使用特征、材料连接方式和构造特征、界面与材料过渡区的处理方式、环境系统设备与空间结构的有机结合。

第二,施工图设计文件较初级设计方案更加详细和深入,室内设计师提供的文件一般包括施工说明、门窗表、平面图、剖面图、平顶图、地面铺装图、立面展开图或

者剖视图、节点详图、项目造价预算。(见表3-1~表3-3、图3-3~表3-7)

表3-1 江苏省某工程施工说明书

江苏省建筑配件标准架图集 施 工 说 明		编制单位负责人： 编制单位技术负责人：
批准部门 江苏省建设委员会 编制单位 江苏省建筑设计研究院 发行单位 江苏省工程建设标准设计站 实行日期 1996年 5月 1日	批准文号 苏建科(1996)134号 统一编号 分类编号 苏J9501 修订代替 苏J9501	编制单位审定人： 编制单位审校人： 编制设计负责人：

目 录
分类编号

1、墙基防潮 ………………………………… 1
2、地面做法 ………………………………… 2—19
3、楼面做法 ………………………………… 20—31
4、踢脚、台度做法 ……………………… 32—35
5、内墙面做法 ……………………………… 36—44
6、外墙面做法 ……………………………… 45—50
7、屋面做法 ………………………………… 51—77
8、平顶做法 ………………………………… 78—85
9、油漆做法 ………………………………… 86—92
10、道路做法 ……………………………… 93—95
11、坡道、台阶做法 ……………………… 96—100
12、散水做法 ……………………………… 101

注：采用本图集时索引符号
苏J9501 —— 4   或 苏J9501 —— 4+A
        5   5
做法编号   做法编号+面层材料
本图集代号 —————— 或本图集代号 ——————
分类编号   分类编号

| 标准图 1995 | 目 录 | 苏J9501 |

表3-2 门窗表细则

类型	设计编号	洞口尺寸（mm）		数量							图集选用		备注
		宽度	高度	一层	二层	三层	四层	五层	六层	合计	图集名称	页次	
防盗门	AFM1021	1000	2100			9	11	11	11	42			
保温防盗门	FDM1221	1200	2100			3				3			
丙级防盗门	FHM0618丙	600	600			2	6	6	6	20			
	FHM1206丙	1200	600			2	2	2	2	8			
装饰门	M0821	800	2100	7		9	11	11	11	50			
	M0921	900	2100			19	21	21	21	82			
	M1221	1200	2100	4						4			
白钢门	M2430	2400	3000	4						4			
	M2730	2700	3000	1						1			
	M3030	3000	3000	3						3			
门连窗	MLC1824	1800	2400			2	2	2	2	8			
塑钢窗	C0915	900	1500			1	1	1	1	4	5.4m²		单框三玻密闭平开塑钢窗
	C1215	1200	1500			3	5	5	5	18	32.4m²		单框三玻密闭平开塑钢窗
	C1515	1500	1500			23	23	23	23	92	207m²		单框三玻密闭平开塑钢窗
	C1518	1500	1800	5						20	54m²		单框三玻密闭平开塑钢窗
	C1521	1500	2100	6						6	18.9m²		单框三玻密闭平开塑钢窗
	C1815	1800	1500	1		2	2	2	2	9	24.3m²		单框三玻密闭平开塑钢窗
	C1818	1800	1800			2	2	2	2	9	29.16m²		单框三玻密闭平开塑钢窗
	C1821	1800	2100	4						4	15.12m²		单框三玻密闭平开塑钢窗
	C2118	2100	1800							11	15.12m²		单框三玻密闭平开塑钢窗
	C2121	2100	2100	3						3	13.23m²		单框三玻密闭平开塑钢窗
	C2418	2400	1800	2		4	4	4	4	20	86.4m²		单框三玻密闭平开塑钢窗
	C3018	3000	1800			1	2	2	2	7	37.8m²		单框三玻密闭平开塑钢窗
	SC0915	900	1500			2	2	2	2	8	10.8m²		单框三玻密闭平开塑钢窗
	SC1815	1800	1500			2	2	2	2	8			单框三玻密闭平开塑钢窗
	SC1818	1800	1800			1	1	1	1	4			

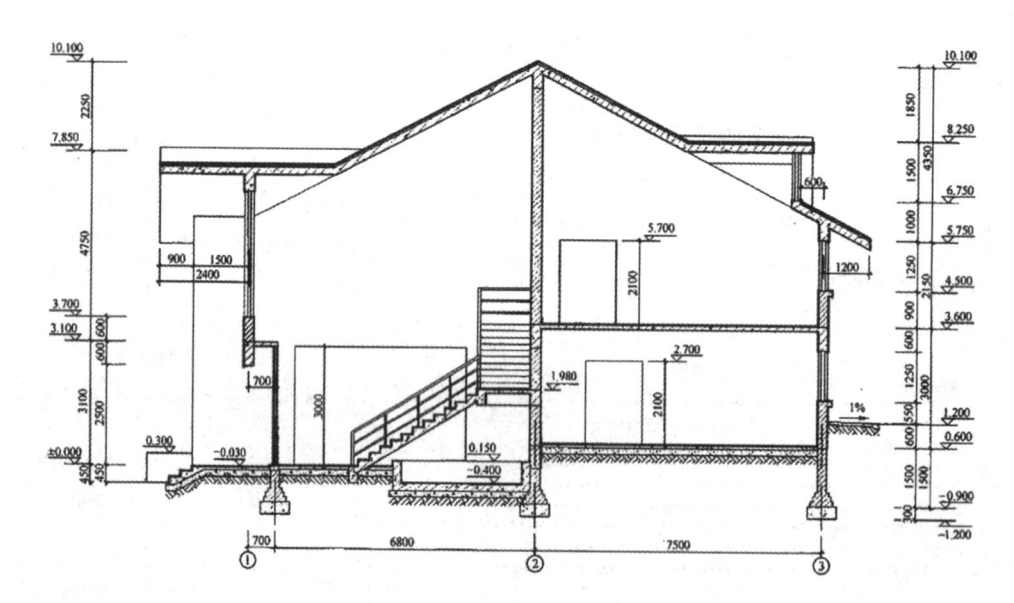

图 3-3　某建筑剖面图示例

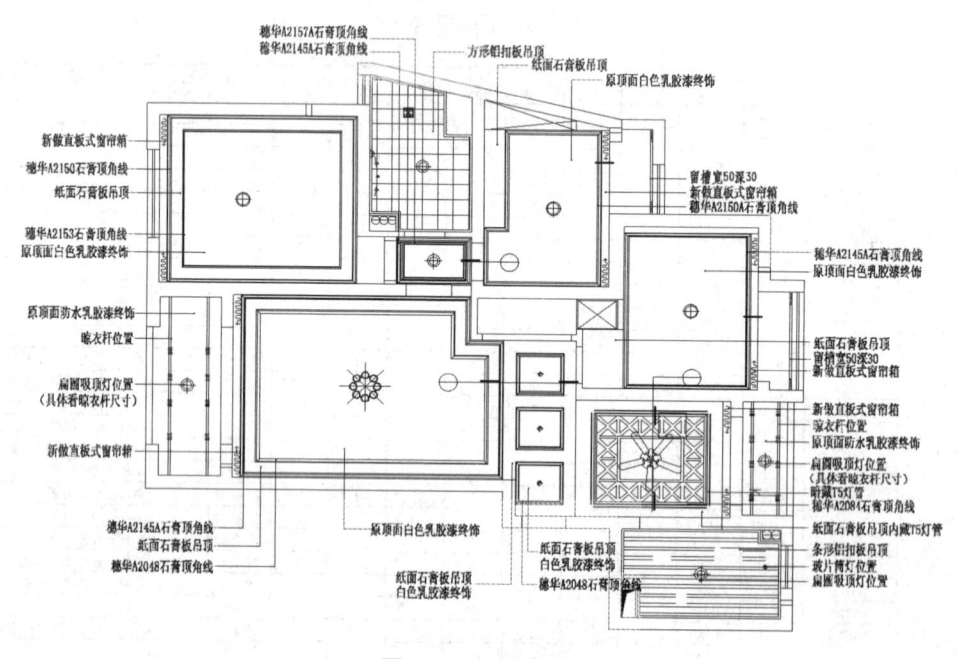

图 3-4　吊顶布置图

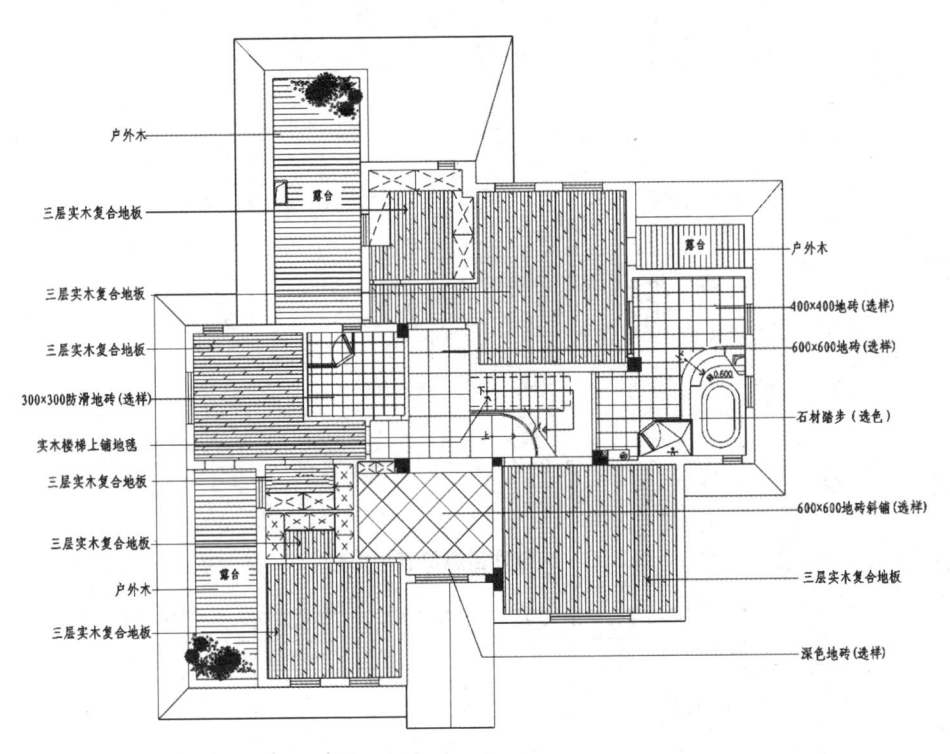

图 3-5 地面铺装图

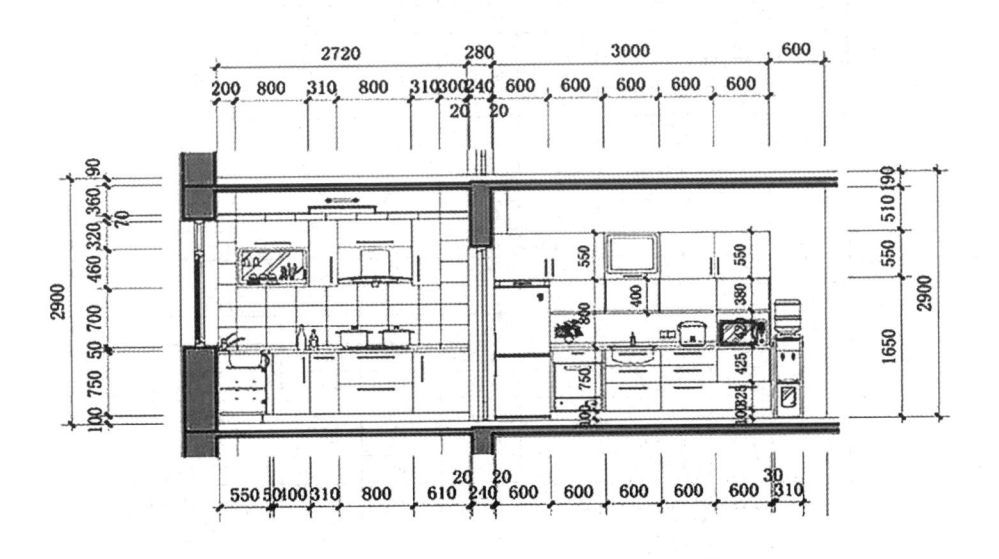

图 3-6 某住宅内厨房的立面展开示意图

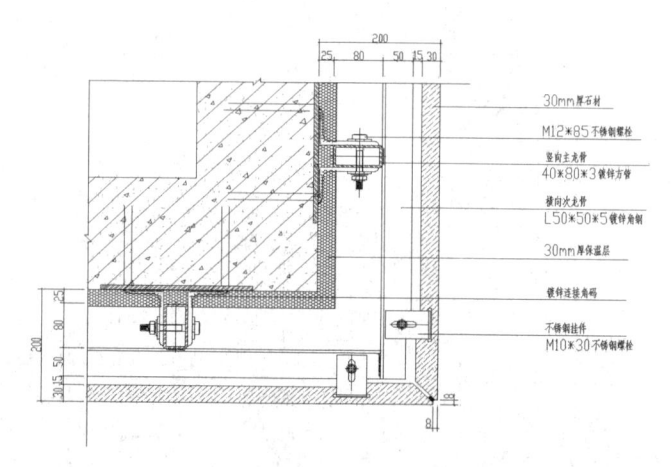

图 3-7 石材阳角剖面节点

表 3-3 装修项目造价表（部分）

序号	项目工程名称		单位	数量	单价	金额	
1	吊顶		m²	96.00	60	5760	轻钢龙骨石膏板
2	工费		m²	96.00	55	5280	
3	吊顶木花格		m²	40.00	170	19200	木花格
4	工费		m²	40.00	170	6800	
5	吊顶批嵌		m²	96.00	22	2112	可塞粉石膏粉
6	工费		m²	96.00	24	2304	
7	顶面打磨		m²	96.00	9	864	
8	工费		m²	96.00	12	1152	
9	顶面乳胶漆		m²	96.00	28	2688	立邦漆
10	工费		m²	96.00	12	1152	
11	墙面造型基础		m²	106.00	270	28620	
12	工费		m²	106.00	130	13780	
13	墙面造型		m²	106.00	130	13780	实木板
14	工费		m²	106.00	90	9540	
15	墙面漆面		m²	53.00	56	2986	亮光漆
16	工费		m²	53.00	28	1484	
17	墙面饰面		m²	106.00	260	27560	皮革
18	工费		m²	106.00	180	19080	
19	沙盘	景观微缩模型	m²	24.00	6000	144000	
20	投影	数字投影	套	1.00	60000	60000	
		图片展	m²	55	380	20900	写真玻璃
		亚克力文字	个	90.00	70	6300	亚克力板
		木板雕字	组	8	1400	11200	实木板做漆面
		展台	组	6.00	1500	9000	实木漆面
21	电器	照明	个	36.00	105	3780	筒灯
		目标照明	个	27	170	4590	射灯
		投影配套电脑	组	1.00	5500	5500	
		电线电路	m²	96	55	5280	众邦线缆

施工图绘制工作的完成,标志着室内设计项目的施工图纸阶段主体设计任务完成。

三、设计实施阶段

(一)制作平面功能草图

平面功能草图主要用于解决室内空间设计中的功能设计问题,如室内空间的功能分区、家具与软装陈设的摆放位置、设备安装等问题。平面功能草图是最先体现室内设计意图的图面作业。平面功能草图采用的图解思考语言是本体、关系的修饰,采用的主要语法是建立在抽象图形符号之上的圆形方形图形分析法。

(二)制作具有空间形象构思的草图

室内空间形象构思草图是概念设计阶段与平面功能布局设计相辅相成的体现。室内是一个多界面闭合形成的相对封闭的空间,空间形象构思的着眼点,应当主要放在空间形象的塑造方面,同时兼顾装饰陈设、采光照明、建筑构件等方面。空间形象构思草图的制作,主要采用徒手画中的空间透视速写,主要表现空间的大体形体结构(见图3-8~图3-9),配合立面构图,以帮助室内设计师尽快确定完整的空间形象概念。概念设计对于设计师,尤其是初学者来说,是一个非常重要的关键性环节。在设计手法上要从多方面入手,如构图法则、艺术风格、建筑构件、空间形式、材料构成、装饰手法等。草图主要是设计师用来进行自我设计思想交流的,只要设计师自己能明白草图表达的设计信息即可,因此不需要在意手绘功底好不好,也不必刻意逃避草图绘制这一过程。

图3-8 手绘草图示例一   图3-9 手绘草图示例二

图 3-10　手绘草图示例三　　　　　图 3-11　手绘草图示例四

（三）设计概念确定后的方案图

设计概念确定之后的方案图是室内设计师的空间构思在图面上的最终表现，并须在设计委托方面前展示。其具有双重作用，一方面是概念设计的进一步深化，另一方面也是设计表现的最关键环节。方案图与前面的平面功能草图、室内空间形象构思草图不同，它将准确无误地传达室内设计师的设计理念，因此其图面作业要非常精确且符合国家制图规范，透视图要忠实体现室内空间的真实情景。

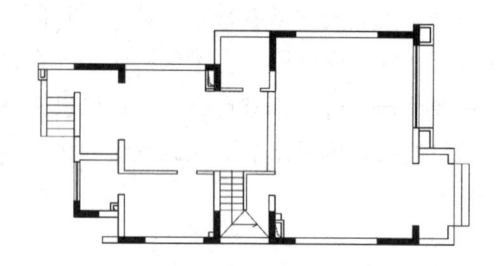

图 3-12　空间结构图

在设计实施阶段中，主要任务是进行项目的施工。虽然设计师在室内设计项目中的设计任务已经完成，但是设计师依然需要高度重视设计实施阶段。设计师的主要任务是向施工方讲解设计意图，对设计图纸进行技术交底。

随着计算机技术的快速发展，越来越多的室内设计师运用计算机绘图。目前，虽然计算机绘图几乎完全取代了繁重的徒手绘图，但还是提倡手工绘制。当手绘技能达到一定熟练程度后再使用计算机绘图，这样方案图的制作方可取得事半功倍的效果。一套完整的方案图应当包括空间效果透视图、平立面图、设计说明以及材料板图。平立面图除了表现空间环境的隔断情况外，还要表现包括家具陈设在内的所有内容，精细的图纸会表现材质及色彩。

（四）制作方案确定后的施工图

当室内设计师的设计方案通过委托方的核定后，即可绘制施工图。施工图以材料构造体系和空间尺度体系为基础，主要为施工方提供装修施工的工作"标准"和"依据"。一套完整的施工图应当包括室内界面层次与材料构造、界面材料与设备位置、细部尺寸参数与图案样式。

室内界面层次与材料构造主要在剖面图中表现，是施工图的主体部分，比例为1：5。绘制的剖面图要详尽地表现出不同的材料与室内界面连接处的构造。

界面材料与设备位置主要在平面图中表现，平面图的比例为1：50，立面图的比例为1：30，重点部位的比例可为1：10或者1：20。与前面的草图不同的是，现阶段的平面图主要表现地面、天花板、墙面的构造、材料分界与搭配比例，需要标注灯具、消防器材、电器电讯、给水与排水、通风供暖等设备管口的位置。

细部尺寸参数与图案样式主要在细部节点详图中体现，细部节点是剖面图的详细解释，细部尺寸参数多为不同空间界面转折、衔接构造的体现。细部节点详图的比例多为1：2或者1：1。

第六节　现场调整与验收

现场调整工作主要解决施工方在施工过程中遇到的问题。

一、图纸修改

在施工方施工过程中，可能会遇到施工实际操作与设计方案不协调或者冲突的情况，作为方案设计者的室内设计师，应当首先根据施工方的异议，检查自己制作的设计图纸。若设计图纸的某处的确存在不可行性或者错误之处，室内设计师必须马上对图纸进行修改调整。

二、现场调整

室内设计师在施工方进行施工的过程中，要及时解答施工方提出的有关设计内容的疑问。当施工方遇到施工困难时，室内设计师应尽可能快地到达施工现场，查看施工困难原因，可根据实际情况对设计图纸进行现场调整，如吊顶的安装、材料的使用等。

总之，为塑造一个理想的室内环境，室内设计师必须与业主、材料商、施工方、相关管理部门等充分协同合作，以确保取得预期的设计效果。

三、完成验收

居住空间室内设计执行进程管理，最重要的在于对时间进度、工程质量和成本的控制。进度计划是把工程范围内所有该做和该关注的部分按照施工顺序和时程表全部列出，以按时完成施工进度；对成本的控制则是对业主负责的一种体现，对施工材料、施工人员或者承包商都应该按需分配、科学管理；工程的质量管理属于控制中难度相对较大的部分，不同地区有不同的验收标准，施工前必须核查设计的要求中是否有针对工程质量的核查标准，在施工过程中必须严格针对质量的规范，对施工单位进行要求。这些标准均需在施工前与业主完成确认，并按照规范执行查验及验收工作。确立文字性的规范文书，对于业主来说也有利于空间质量的保障。

第四章　日本住宅空间设计

日本因巧妙的住宅建筑设计而世界闻名，因此，日本有着"城均"最多的注册建筑师。为了实现其居住功能和防震、防火等实用要求，同时为了满足人们精神文化、生活方便舒适的需要，日本非常重视住宅设计中的传统文化氛围的营造和建设。日本传统的"气文化""季文化""座文化""间文化"和"收纳文化"，在现代住宅设计中得到了重视并和谐地融汇于现代整体宏观设计中，为日本住宅营造出极具特色的风格。

第一节　日本和室的主要风格特征

和室，原来是指日本传统样式的房间，它起源于中国唐代的建筑形式。在一千三百多年的演变过程中，形成了有独特风格且非常完整和谐的建筑和室内形式。它具有风格完整、环境宁静、一室多用、与园林自然结合等特点，成为东方室内文化的代表形式之一。

当提到和室时，很多人都会先想到日本的榻榻米。事实上，和室与榻榻米之间有着十分深的渊源。在唐朝时期，我国国人席地而坐的这一习俗流传到了日本，渐渐就演变成了日式的榻榻米。到了近代，日本的榻榻米又与台湾的民居相互结合，就变成了今天我们看到的和室。所以，和室是一个极具传统色彩的东西。但从室内设计的角度来讲，它又很有现代风味，也符合现在普通家庭的需要。

一、和室概述

（一）和室的特点

和室原本是指利用天然的木材来装饰和装修一个功能不固定的空间。这个空间内部不要求有很多的家具，由于室内空间的地面铺了地板或席子，大家可以席地而坐。

在这个空间里，可以接待客人、休息、读书，也可以在这个空间里品茶、饮酒，甚至打麻将。

随着和室的发展，它不再简单局限在一个空间里，而是演变成一种风格，可以应用在整个室内空间里。和室风格一般采用木质结构，不尚装饰，简洁简约。很多人偏爱和室装修风格的原因是其空间意识极强，强调"小、精、巧"，具有简约简洁、温馨惬意的特点。它一般采用清晰的线条，使居室的布置给人以优雅、清洁的感觉，有较强的几何立体感。和室还具有另外一个特点，就是屋、院之间的通透，利用回廊和挑檐可以让回廊的空间更加敞亮，让人有一种自由、舒心、与自然统一的感觉。和室的特别之处就是能与大自然融为一体，并借用外在的自然景色，给室内带来无限的生机。在选用材料时也十分注重自然质感，以实现与大自然亲切交流的目的。另外，和室的装修风格典雅且十分富有禅意，这种家居风格在我国可以说是非常流行，由于具有异域风格特征而倍受人们的喜爱。

和室有一种独特的魅力，即它可以表现出平和的意境。这与欧美的装饰风格完全不同，因为极少用金属，从天花板到地上用的都是最天然、最朴实的材料，多为原木、席、竹等，同时也尽可能地保持原色且不加修饰。提到和室，很多人先想到的就是榻榻米。榻榻米作为和室的象征，在日本，它多为铺地的草垫，由麦秆和稻草编制而成。而在我国，改造过的榻榻米多为木地板。目前，很多装修公司在设计和室时，都习惯将地面垫高做成一个地台，这样和室的下面就变成了一个很大的储物空间。生活中一些暂时不用的杂物，都可以放置其中。

（二）和室的组成

1. 榻榻米：榻榻米散发着自然清香，它是和室装修中地面装修的主要材料，也是我们所了解的和室装修中最典型的代表元素。最初榻榻米都是用稻草制作的，掐头去尾后，将稻草的中间部分烘、干杀虫并重新吸入水分制成。具有冬暖夏凉的功效，还有助于人的养生，是一种天然健康的装修材料。在铺装它的同时，会再打一个地台，从而起到了防潮的功能。倘若居室空间不大的话，地台还可以做成箱式柜体，可以储藏物品，从而确保不浪费任何空间。地台的选材基本分为两种，一种由大芯板构成，另外一种由樟子松集成材做成。

2. 樟子门：樟子门具有朦胧轻盈的特点，由半透民的樟子纸取代玻璃而制成，薄而轻、半透明，采用推拉式的开关方式。制作樟子门的樟子纸韧性很强，防水防潮，不易撕破，还可以辅以精美的图案，使推拉门古朴美观。

3. 和室桌椅：和室桌椅一般摆在和室空间的中间位置，而且和室空间内本身家具就比较少，最主要的室内陈设就是和室桌椅。尤其是精巧的和室桌，不但外形精巧美观，桌面还是可以活动的，冬天可将其卸下换上取暖器，功能实用。

4. 床间：床间在和室装修中主要起装饰的作用，是其重要标志之一，由床框、床柱、落挂三部分组成。床柱是床间中最讲究的部分，由树干制成，并特意保留树木原有的节、疤。床间旁边为床沿，由达棚、饰棚两部分组成，多用来放置极具日本特色的工艺品，如日式玩偶、武士刀、纸扇等，使整个房间的装修更有情调。

5. 樟子门屏风、樟子窗等：其独具特色的半透光体给和室带来美丽高雅的风景线，而且整个材质选用的是优质樟子松实木。

6. 升降机：它小巧玲珑，升起来时是一张无所不能的桌子；降下后，榻榻米能让人安静地席地而睡，给居室省下不少的空间。所以在这样的空间里，可以感受到一种雅趣，更能享受舒畅安逸之乐趣。

（三）和室的优势

通过一些专业人士的介绍，我们了解到有些家庭之所以看中和室，主要是因为其拥有多种功能。由于和室中摆放的家具特别少，所以可以席地而坐。在白天，居住者只要在中间放上几个坐垫、摆上一张矮几，这个空间就可以被当作客厅、餐厅或书房使用；到了晚上，可以将卧具铺在地上，这个空间就又成了卧室。对于住房问题十分严峻的地区（如北京、上海），或者没有经济实力买大面积房子的人而言，这种一室多用的设计是最佳选择。例如，在家中的一个小空间里，怎么才能最大限度地利用它，不仅能会客、品茶，又可休息睡觉，还可以收纳许多物品，和室就能做到。一般情况下，我们为了方便亲朋好友来访住宿时，往往会安排出一间客房。但实际上它平时的利用率并不高，而且家中居住面积又很有限，还要满足看书、休闲等需要。如果在家中设计出这样一间（日式）和室，就可以节约空间且能同时满足这些要求。

和室的装饰风格简洁，大量天然材料的应用既给人回归自然的感觉，又没有对人体有害的物质，倘若再配上推拉门，其装饰效果就更好了。和室的门窗一般都宽大透光，低矮的家具并不多，所以总能给人一种宽敞明亮的清爽感，因此和室还是一种扩大居室视野的常用方法。例如，在客厅的一角隔出来一间和室，它的墙面可以是构成陈列艺术品的展示柜，让人的视线在客厅和和室之间穿透，形成一个巧妙的视角；若要把它作为卧室，只需将窗帘拉上，即可成为一个独立的空间。

现在的和室一般采用将木地板架高作为榻榻米的方式，这样木地板的底下就成了非常好的收纳场所。可以做成掀盖式储物柜，在里面收藏一些过季的用具，或在和室靠近拉门的地板下设置抽屉，放置杂物等，看起来明亮舒适。如果把和室作为工作室，还可以用来隐藏电源线路，让整个和室看起来整洁干净。

另外，和室也是一个安放音响的方便处所。现在的家庭大都喜欢把音响放在客厅，其实客厅中由于通道较多，音响效果并不是很好。而封闭的和室不仅是一间很舒适的房间，更是一个不错的家庭影剧院。想想在这样的地方，看着窗外美景，听着室内美妙的音乐，该是多么令人愉悦！

（四）和室受欢迎的原因

现在我们所说的和室不是一个拥有榻榻米、樟子门、屏风等的空间，而是指一种装修风格。保留的是和室简约、合理利用空间等优势，再通过对室内的摆设和装修，使空间达到一种放大的效果。因为较少使用金属，所以无论是天花板还是地上，用的都是天然、朴实的材料，一般多为原木、席和竹等，同时也尽可能多地保持这些材质的原色，不外加任何修饰。大量天然材料的应用会给人一种回归自然的感觉，也没有对人体有害的物质。

和室装修时门窗一般都宽大透光，低矮的家具较多，所以总能给人一种宽敞明亮的清爽感觉，因此该风格是扩大居室视野的常用方法。另外，它还拥有多种功能，在其空间内，可以最大限度地利用它。以现在装修中一般采用的榻榻米为例，其为和室的一部分，榻榻米通天地之气，赤脚走在上面，平而不滑，冬天脚不凉，夏天脚不热，非常舒适，可以时刻按摩通脉，起到活血舒筋的保健功效；它具有良好的透气性和防潮性，冬暖夏凉，具有理想的调节空气湿度的作用；它有美形美体之功能，能有效消除疲劳，恢复体力，并且纠正驼背，功效显著；它对儿童的生长发育及中老年人的腰脊椎的保养有奇效，能防止骨刺、风湿、脊椎弯曲等；它也是幼儿玩乐的良好场所，不用担心摔着；它平坦光滑，草质柔韧，散发自然清香，能够怡情养性，让人时刻保持平静、平和的心态，有益于人的身心健康。由于对身体有种种的益处，所以广受人们的青睐。但其最重要的一个特点是，一般人们会在榻榻米底部做一个隔层，可以在里面放一些闲物。而且通过查看一些设计图纸，可以看出，榻榻米一般会利用客厅飘窗或者阳台的位置，光线比较好，可以成为人们读书、学习的好地方，对客厅飘窗或者阳台的位置进行了充分的利用。有时根据室内布局情况，可能有些地方存在浪费，也可以做个榻榻米，隔出来当一个房间，但是需要合理的实际规划。

二、和室的起源和发展

和室，原本指日本传统样式的房间，起源于中国唐代。日本在吸收中国大唐盛世的文化精髓时，也将当时唐朝建筑方面的文化一并吸收并融入了他们的生活起居当中。众所周知，中国古代的建筑物大多是木造结构，但木质很容易受潮、腐朽且会受到蛀虫的侵扰。为了防止这些事情的发生，唐朝人将地板架高，避免地面上的湿气侵入地板中，该方法在很多建筑物中都已运用到。日本不仅引用了该办法，并结合自身的生活习惯和需求，将卧室里的榻榻米架高，具有可跪可坐的功能，这就是当今的和室。

在一千多年的演变过程中，和室已经成了一种独具特色、完整、和谐的建筑和室内形式。它具有风格独特、环境宁静、一室多用、与园林自然结合等特点，成为东方室内文化的代表形式之一。因为一衣带水的文化渊源，和室与中式室内风格非常容易和谐统一，并且得到东西方室内设计师的普遍认同。即使是在现代科学技术高度发达的今天，和室的室内装饰仍然保留了大量天然材料，越来越应和了我们现代人返璞归真的生活追求。完全由自然材料营造的和室环境逐步迎合了人们对自然、环保生活环境的追求。无论是从日本料理店到休闲茶馆，还是从公寓酒店客房到普通民居住宅，从大户型别墅到小空间利用，人们越来越多地选择了和室的主题风格和元素。对各民族文化的包容和多元化室内环境的追求，使得东方禅味浓厚、简洁、自然、环保的和室开始逐步走上市场。

日本是个现代化国家，但是又十分注重传统文化，它的面积相当于我国的一个省，但现代化的程度特别高。以东京的摩天大楼为例，现代时尚的室内设计让人远离纷繁，所用的高科技产品也十分发达，但他们的吃、住、用都非常传统。特别是京都，高层建筑特别少，大多数都是低矮的传统住宅。住宅空间的内部就是榻榻米，席地而坐、席地而睡，居民保留着十分传统的生活方式。众所周知，日本对住宅的精细化程度及其设计已经到了一个十分成熟的阶段，并且其生产力和机械化程度也达到了一个很高的水平。日本住宅的精装修设计图纸是极其细致和周密的，无论是构造设计还是施工都要求精细，在节约土地、住宅内部功能的细分及其内部的装修等方面已经处于世界尖端水平。由于日本地小人稠，所以日本的住宅空间设计都十分注重内部储藏空间部分，一套住宅内部的储藏面积在10%~20%之间，而且还做了储藏的分类，这样可以有效提高居住者对室内空间的利用率。无论是在功能分区还是空间储藏方面，都达到了最大化利用的效果。不仅做到了精细化设计，还能够让有限的空间发挥无限的作用。在日本住宅中，屋主可以灵活地进行隔断。和室因为普遍偏向北侧，所以不能直接采光，放置一个灵活的门扇就可以起到围合空间的作用，这样不但能够和起居室合为一体，让起居室也能充分采光，而且能够让起居室封闭成独立的空间，起到保护私隐的作用。日本住宅的精细化设计及丰富的设计经验是值得各个国家借鉴和学习的。

日本和室的最大特点就是精致典雅，且美好的装饰不多。日本人把和室当作一个精神空间，在这里可以打禅、修习、思考，人们身在其中，可以放松心情，所以其室内有一根精神柱（又称天地柱），它是杉木做成的，上面保留着原有的栉和榴，如图

4-1所示。床的两边是被柜，床周围摆着床挂，根据喜好的不同可以放置武士刀、日式书画、日式插花、日式茶具等日本味浓厚的装饰品。和室的空间都选用原木、白墙、和纸、木格推拉门构建。这些材料很好地体现了传统与现代双轨并行制，时间一长，现代文化就能够与传统文化良好地融合在一起，现代的设计作品里一般都融和了其东方美学的特征。

图4-1　日本传统和室

以下为日本现代住宅中的和室，与图4-1中的传统和室有很大不同，其中加入了很多的现代元素。这样在保证舒适度的同时，还添加了时尚感，并且十分的实用和美观，如图4-2所示。

图4-2　日本现代住宅中的和室布局

现代的建筑设计一般都强调对空间的利用，所以现代住宅设计充分利用了和室的多功能性空间，人们既可以在这里休息静坐，也可以在这里办公交友，榻榻米下的空间也被用于收纳储物，如图4-3所示。

图 4-3　多功能的现代和室风格

三、和室的美学特征与精神内涵

随着时代的转变，现在人们已经越来越注重物质生活的时效性。信息化时代和现代社会的快速发展变化造成生活节奏的日益加快和生活方式的不断变化，人们开始关注简洁的装饰风格，从某种意义上来说，这种装饰风格更具有现代文化品位。面对一个信息繁杂的社会，现代人的心中都或多或少潜藏着要求简洁的愿望，要求有一个平静安宁的局部环境。因此，在居室设计中追求和室的简约之美就成为许多人不约而同的要求，这是因为和室的简约设计具有强势且无法比拟的生命力。

和室简约设计的生命力，在于其创新的品格。纵观现在比较流行的室内设计，不论是欧陆风、西方洛可可，还是中式风等，都以"模仿"既有的式样为前提。而和室简约设计虽然是以和室装修风格为出发点，但并不是一种固定的模式，它反对毫无文化和艺术内涵的对物质的简单堆砌，表现出人们对未来生活应持有的一种态度和理念。

此外，和室简约设计的生命力还在于其注重功能主义的理念——一物多用。因此，和室的简约设计不只是一种风格，在现代的设计理念中，简约的日本和室是相对于烦琐和复杂而言的，在设计中特别强调方便和实用，并在这种追求中实现高雅、明快、和谐和舒适的人生感受，这是符合当代人审美主流和更具时代感的选择。

另外，日本以和室为主要特点的室内设计美学特性，表现出的空间特征和设计思想包括以下几个方面。

第一，简单和纯净。将简单和纯净抽象化之后达到一种美的纯化。著名建筑师汉斯曾经做过很多的建筑设计和室内设计，且突破了传统的框架。他通常利用象征和隐喻手法，将现代的工艺材料与不同的图案和色彩相互结合在一起，从而创造出了一种简单纯净的理想环境。他的设计对日本乃至世界都有很大的影响，一些日本设计师以此作为延伸，向前迈出了一大步，不仅实现了住宅的使用功能，同时也强调了室内设计的单纯性及抽象性。将室内及其内部摆设的线和面更好地协调开来，避免了各种物体及其形态的突出，尽可能排除不必要的痕迹，将这些不必要的装饰痕迹除去，才能更好地体现空间的本质，并能够让空间具备简洁明快的时代感。

第二，选取自然材质。自然材料的选取可以达到人与自然对话的目的，有一种回归原始的感觉。空间表层的选材十分重要，因为一般要强调材料本身的肌理，所以可以通过暗示功能性来突破所谓的条条框框。这样选材可以让空间有种冷静且光滑的视觉效果，可以牵动人们的思绪，可以补偿生活在大都市的人内心那种潜在的怀旧、怀乡和回归自然的心情。在造型纯净化和抽象化时，设计者十分重视材料的肌理效果和质感，达到了前所未有的程度，而且现代的科技条件也给这种重视提供了一定的条件。

第三，视觉效果。不仅仅强调空间形态和物体的纯净化和抽象化，同时还十分注重空间各物体的关联性。设计时，不但要考虑物体的本身，因为它的"物性"是不能忽略的，而且还要考虑物品放置在某个空间或者场所时是否与空间或场所搭配，并能体现它所具有的意义。例如，茶室中一般都会放置一个大桌子，人和桌子之间的关系除了桌子可以供人使用之外，设计者还希望人能够通过看到这个桌子，就能想到与家人、亲朋好友或者恋人在一起的场景。所以，设计师在做环境设计时，通常采用简单的直线和几何形的物品，或将一定节奏且可以反复的符号化图案与材料的肌理效果和色彩变幻效果配合在一起，使室内的板和线之间的垂直或者水平交错能够产生一定的视觉效果。

和室可以最大限度地实现空间的多元化利用。但是由于它的特殊风格，在室内装修时，通常与其他厅室的装修显得十分不协调，此时可以利用一些色彩或材质做缓冲以减少这种突兀感。许多家庭在客厅、主卧室采用西式的装修，却又想在住宅里加入一间和室，因为和室的融入可以弥补室内空间不足的缺憾。而这种"东西合并"的方式，难免会产生不协调的感觉。而且和室以简约为主的装修风格，强调的是简洁的造型线条和沉静的自然色彩，简洁透光的门窗，低矮且不多的家具，往往给人以宽敞明亮的感觉。一般情况下，倘若在空间里有和室的规划，地板的材质会选用木料以达到整体效果。另外，还可以运用相同的质材、色系及纹路，可在不同风格中做协调工作，否则厅、室之间装修材质的突然转变，会使居住者出入时产生错综复杂的突兀感。对于和室而言，木质的地板和家具具有整体的感觉。以木地板作为延伸空间与空间的交集，可以在视觉上得到顺利延伸，扩大了空间感。而整体木质的造型和质材，不仅符合环保意识，而且木质的温暖也容易构筑一个温暖的城堡。

第四，原木色家具。秉承日本传统美学中对原始形态的推崇，原封不动地表露出水泥表面、木材质地、金属板格或饰面，着意显示素材的本来面目，加以精密的打磨，表现出素材的独特肌理。这种过滤的空间效果具有冷静的、光滑的视觉表层性特征，却牵动人们的情思，使城市中人们潜在的怀旧、怀乡、回归自然的情绪得到补偿。

和室是一种用小面积展示最大空间的装修方式，它集会客厅、书房、卧室于一体，以天然素材营造高雅、宁静、舒适的居住环境，开创了现代绿色新生活。它更多地考虑到人体的空间尺度、舒适性及功能要求，利用色彩、图案以及玻璃镜面的反射来扩展空间，打破千人一面的冷漠感，通过精心设计，给每个家庭居室以个性化的特征。若把阳台延伸到室内，就成了开放式的和室，可以在和室里泡茶、聊天、赏风景等，都是相当宁静舒适的。对于崇尚自然和追求生活品位的人而言，在和室的一角摆放一盏简约风格的石膏灯，能够让人的思维更加清晰，起到安神养性、稳定情绪的作用，它尤其适合摆放在新居里面，可以起到净化环境和提升能量的作用。而在竞争激烈的现代社会，和室装修风格以其自然、淡泊、雅静的境界，成为无数人暂时远离尘世、忘记沉重压力、在居住地享有片刻闲逸的场所。

和室讲究的是精练，东西摆放过多反而会使整个环境显得喧闹。在前文的介绍中可以看出，在日本的和室当中，往往仅有几张席子、一个矮柜、一鼎香炉、一幅画、一瓶花，处于这样的空间内，没有太多的物品让人分心，反而觉得更加宁静放松，特别适合思考。所以，在和室的空间里，精选并摆放一些比较适合的艺术品或物品，尽量收纳或隐藏其他的物品，可以使空间显得开阔与整洁。精致的东西，完全能够以一当百。把剩余的空间留白，可以使生命回归本质。在榻榻米上生活或者小憩、交流，由于没有过多家具的阻碍，可以使人与人的距离更近、更感亲和。在平和、宁静的房间里，在闲暇的时候将内心的世界点亮。独居在一室中可陶冶性情、自省、抒发幽思，抛去烦忧与躁动，净化内心世界，是静心最理想的一个选择。

我们知道，家是人们心灵的港湾，是一个可以让人安心的地方。和室这种装修方式所呈现出的居住空间，能让人感觉到安全、安静且安心、安然，能够使人面对内心最真实的自己，放松自己，从容地进行思考和积蓄能量。而其中的家具，不喧闹，也不艳丽，色彩朴实，且十分低调。不但营造出了一种简约、温暖而质朴的环境，而且能够使居住者"静"下来，有助于安抚情绪，放松心情，享受纯净的世界，通过生活历练出人生的满意之境。

第二节 融合日式住宅特色的功能区间设计

住宅空间设计是指针对人们所居住和生活的室内住宅空间进行的规划和布置。其内容包括玄关设计、客厅设计、卧室设计、餐厅设计、书房设计、厨房设计和卫生间设计等。住宅空间设计要根据具体的空间尺寸和居住要求，采用物质技术手段来实现对空间的合理利用与优化。

一、玄关设计

按照《辞海》中的解释，玄关是佛教的入道之门。现在，经过长期的约定俗成，玄关指的是房门入口的一个区域。

（一）玄关的功能设计

玄关在住宅空间中具有使用价值和审美价值。首先，玄关可以实现一定的贮藏功能，用于放置鞋柜和衣架，便于主人或客人换鞋、挂外套之用。其次，玄关可以表现一定的审美效果，通过色彩、材料、电灯光和造型的综合设计，可以使玄关看上去更加美观、实用。

玄关设计是设计师整体设计思想的浓缩，它在室内住宅装饰中起到画龙点睛的作用，能使客人一进门就有眼前一亮的感觉。

（二）玄关的设计造型

1. 玻璃半通透式

运用有肌理效果的玻璃来隔断空间，如磨砂玻璃、裂纹玻璃、冰花玻璃、工艺玻璃等。这样可以使玄关空间看上去有一种朦胧的美感，使玄关和客厅之间隔而不断，如图4-4所示。

2. 古典风格式

运用中式和欧式古典风格中的装饰元素来设计玄关空间，如中式的条案、屏风、瓷器、挂画、欧式的柱式、玄关台等。这样可以使玄关空间更加具有文化气息和古典、浪漫的情怀，如图4-5所示。

图4-4 玻璃半通透式玄关

图 4-5 中式屏风与陈设物玄关

3.列柱隔断式

运用几何规则的立柱来隔断空间，这样可以使玄关空间看上去更加通透，使玄关空间和客厅空间很好地结合和呼应，如图 4-6 所示。

图 4-6 列柱隔断式玄关

4.自然材料隔断式

运用竹、石、藤等自然材料来隔断空间，这样可以使玄关空间看上去朴素、自然，如图 4-7 所示。

图 4-7　以竹为材料的隔断式玄关

二、客厅设计

客厅是全家人文化娱乐、休息、团聚、接待客人和沟通交流的场所，是整个住宅的中心。

（一）客厅的功能区域

客厅的主要功能区域可以划分为家庭聚谈区、会客接待区和视听活动区三个部分。客厅一般采用几组沙发或座椅围合成一个聚谈区域，客厅沙发或座椅的围合形式一般有单边形、L 形、U 形等。

（二）客厅的设计造型

客厅的视听活动区一般由电视柜、电视背景墙和电视视听组合等部分组成。这些部分可以通过别致的材质、优美的造型来表现，主要有以下几种形式。

图 4-8　客厅造型设计示意图一 　　图 4-9　客厅造型设计示意图二

1. 古典对称式

中式和欧式风格都讲究对称布局，具有庄重、稳定、和谐的感觉。

2. 重复呼应式
利用某一视觉元素的重复出现来表现造型的秩序感、节奏感和韵律感。

3. 深浅变化式
通过色彩的明暗和材料的深浅变化来表现造型。这种形式强调主体与背景的差异：主体深，则背景浅；主体浅，则背景深。两者相互突出，相映成趣。

4. 形状多变式
利用形状的变化和差异来突出造型，如曲与直的变化、方与圆的变化等。

5. 材料多样式
利用不同装饰材料的质感差异，使造型相互突出，相映成趣。

（三）客厅中的尺度设计

客厅应该具有较大的面积和适宜的尺度，面积一般在20平方米左右。为了避免对谈话区造成各种干扰，室内交通路线不应穿越谈话区，谈话区尽量设置在室内一角或尽端，形成一个相对完整的独立空间区域，如图4-10所示。

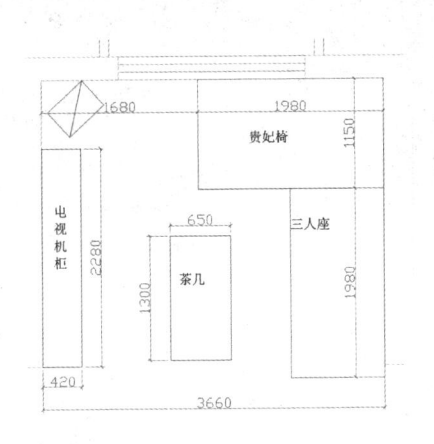

图4-10 拐角处的沙发设计（单位：mm）

住宅单座位沙发一般尺寸为760mm×760mm，三座位沙发长度一般为1 750～1 980mm。转角沙发也比较常用，转角沙发的尺寸应为1 020mm×1 020mm。沙发座位的高度约为400mm，座位深530mm左右，沙发的扶手一般高560～600mm。

茶几的尺寸一般是1 070mm×600mm，高度是400mm。茶几与沙发的距离为350mm左右。

电视柜的高度为400～600mm，最高不能超过710mm。坐在沙发上看电视，座位高 400mm，座位到眼的高度是 660mm，合起来是 1 060mm，这是视线的水平高度。至于电视屏幕与人眼睛的距离，则应是电视机荧屏宽度的 6 倍。

三、卧室设计

卧室是人们休息、睡眠的主要场所，是居室中比较私密的空间。卧室设计的目的是使人们在温暖、舒适的环境中补充精力。

（一）卧室的功能区域

卧室的功能比较多，首先要满足睡眠休息的基本需求，其次兼顾梳妆、休闲、储存衣物等需求，如图 4-11～图 4-13 所示。卧室按功能区域可划分为睡眠区、梳妆阅读区和衣物储藏区三个部分。

图 4-11 卧室中的睡眠功能区

图 4-12 卧室中的梳妆或阅读功能区域　　图 4-13 卧室中的储物衣柜

睡眠区由床、床头柜、床头背景墙和台灯等组成。床应尽量靠墙摆放，其他三面临空，不宜正对门，否则易使人产生房间狭小的感觉，并且开门见床也会影响私密性。医学研究表明，人的最佳睡眠方向是头朝南，脚朝北，这与地球的磁场相吻合，有助

于人体各器官和细胞的新陈代谢，提高睡眠质量。床应该靠近窗户，让清晨的阳光射到床上，有助于吸收大自然的能量，杀死有害微生物。床头柜和台灯是床的附属物件，可以存放物品和提供阅读采光，一般配置在床头的两侧。床头背景墙是卧室的视觉中心，它的设计以简洁、实用为原则，可采用挂装饰画、贴墙纸和贴饰面板等装饰手法，其造型也可以丰富多彩。

梳妆阅读区主要布置梳妆台、梳妆镜和学习工作台等。

衣物储藏区主要布置衣柜和储物柜。

（二）卧室中的尺度设计

卧室内的主要家具有床、床头柜、衣柜和梳妆台等。床的长度是人的身高加220mm枕头位，约为2 000mm。床的宽度有900mm、1 350mm、1 500mm、1 800mm和2 000mm等。床的高度，以被褥面来计算，常为460mm，最高不超过500mm，否则坐时会吊脚，很不舒服。被褥的厚度为50～180mm不等，为了保持褥面高度为460mm，应先决定用多高的被褥，再决定床架的高度。床底如设置储物柜，则应缩入100mm。床头屏可做成倾斜效果，倾斜度为15°～20°，这样使用时较舒服。床头柜与床褥面同高，过高会撞头，过低则放物不便。

衣柜的标准高度为2 440mm，分下柜和上柜，上柜高610mm，下柜高1 830mm。如设置抽屉，则抽屉面应该高200mm。

长衣柜一个单元两扇门的宽度为900mm，每扇门450mm，常见的有四扇柜、五扇柜和六扇柜等。衣柜的深度常用600mm，连柜门最窄不小于530mm，否则会夹住衣服。衣柜门上如镶嵌全身镜，常用尺寸为1 070mm×350mm，安装时镜子顶端与人的头顶高度齐平。

四、厨房设计

（一）厨房的设计要求

厨房设计应立足客观需要，做到布置紧凑、使用便利，并预留好冰箱的位置。根据实际操作的需要，设置清洗、配膳、储藏、烹调和抽油烟机等基本设施设备，在条件许可的情况下，可以设置自动洗碗机、微波炉、烤箱、电饭锅。然而，无论采用何种形式的厨房，将水槽、冰箱和炉灶作为三点，连成一个"三角形"，其边长总和以不超过6 600mm为原则，其结果是省时省力。此外，厨房交通通道必须避开工作的"三角形"区域，使操作不受干扰。

（二）厨房的设计造型

厨房有U形厨房（图4-14）、L形厨房（图4-15）、单边形、双边形、岛形等几种造型。

图4-14　U形是厨房布局中最为理想和完善的形式

图4-15　L形厨房

将存储区域、洗涤区域和烹调区域设置于两墙相接的位置，成90°转角。此种布局不仅可以节约空间，还能有效地提高工作效率，是较普遍、经济的一种厨房布局。

单边形（图4-16）适用于较小的空间，是一种单边靠墙式的布局。

图4-16　单边形厨房

双边形（图4-17）又称为"二"字形或走廊式布局，要求空间宽度不小于2米，功能分区相对较明确。

岛式厨房是沿厨房四周设置橱柜，在厨房中央设置"中心岛"的布局（图4-18）。

图 4-17 双边形厨房布局

图 4-18 岛式厨房

（三）厨房中的尺度设计

厨房的家具主要是橱柜，橱柜的设计应以家庭主妇的身体条件为标准，分为低柜和吊柜。低柜工作台的高度应以家庭主妇站立时手指能触及水盆底部为准，因为过高会令肩膀疲劳，过低则会腰酸背痛。常用的低柜高度尺寸是 810～840mm，操作台面宽度不小于 460mm。现在，有的橱柜可以通过调整脚座的高低使工作台面达到适宜的尺度。低柜工作台面到吊柜底的高度是 600mm，最低不小于 500mm，吊柜深度为 300～350mm，高度为 500～600mm，应保证站立时举手可开柜门。橱柜脚最易渗水，可将橱柜吊离地面 75～150mm。

抽油烟机的高度应使炉面到机底的距离为 750mm 左右。冰箱如果是在后面散热的，两旁要各留 50mm，顶部要留 250mm，否则，散热慢将会影响冰箱的功能。

五、餐厅设计

（一）餐厅的设计要求

餐厅是家人用餐和宴请客人的场所。基本上每个家庭皆应设置一间独立的餐厅，或者也可在客厅设置一个开放或半独立性的用餐环境。餐厅的设置地点以邻近厨房并靠近起居室最为恰当，这样可以缩短膳食供应和就座进餐的交通线路。当餐厅与厨房直接邻接时，最好用橱柜或墙壁将厨房遮挡，使厨房设备与人们的活动隔离，不至于直接暴露在餐厅之中（图4-19）。餐厅的尺度因用餐形式与空间条件而异，很难建立统一的标准，若为开放型，则宜与客厅的形式相统一。餐桌一般备有4～8把餐椅为宜。中式餐桌形式以圆形为主，西式餐桌形式以长方形或椭圆形较为普遍。

图4-19　与厨房临近的餐厅设置

（二）餐厅中的尺度设计

在人口密集、住房紧张的大城市，住宅空间相对较小。如何在有限的居住面积中设计出合理的就餐空间，是室内住宅设计师应重点考虑的设计问题之一。

正方形餐桌常用尺寸为760mm×760mm，如图4-20所示。长方形餐桌常用尺寸为1 070mm×760mm。760mm的餐桌宽度是标准尺寸，至少不能小于700mm，否则对坐时会因餐桌太窄而互相碰脚。餐桌高度一般为710mm，配415mm高度的座椅。圆形餐桌常用的尺寸为直径900mm、1 200mm和1 500mm，分别坐4人、6人和10人。

餐椅座位高度一般为410mm左右，靠背高度一般为400～500mm，较平直，有2°～3°的外倾，坐垫约厚20mm。

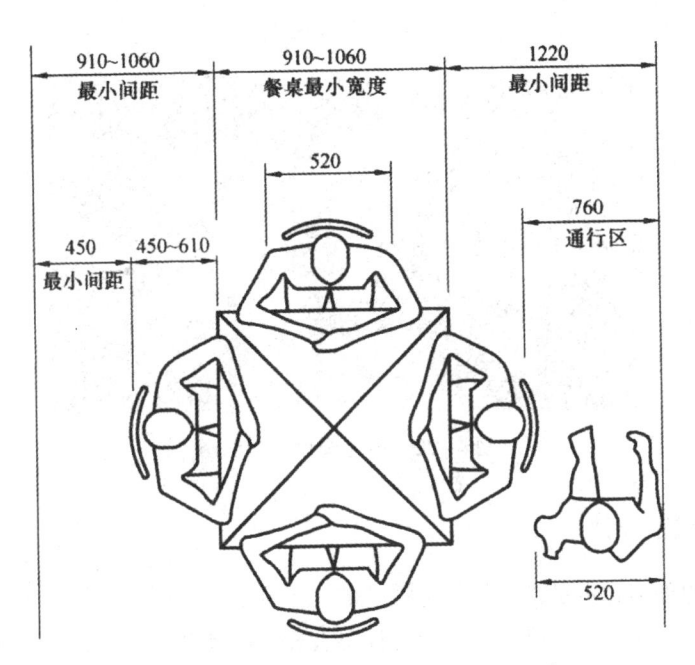

图 4-20 正方形餐桌尺寸（单位：mm）

六、书房设计

书房可布置成单边形、双边形和 L 形。

单边形是将书桌与书柜相连放在同一面墙上，这样布置比较节约空间；双边形是将书桌与书柜放在相平行的两条直线上，中间以座椅来分隔，这样布置更加方便取阅，提高工作效率（图 4-21）；L 形是将书桌与书柜成 90°角交叉布置，这种布置方式是较为理想的一种，既节约空间，又便于查阅书籍。

七、卫生间设计

卫生间是家庭生活设计中个人私密性最高的场所（图 4-22）。卫生间的功能分区主要包括：沐浴间、洗刷区域和便池区。沐浴间可用玻璃或浴帘将其隔成独立空间，以便起到隐蔽和防水的作用。洗刷区域包括洗手台、洗手盆、水龙头、毛巾架、化妆镜、镜前灯等。便池区设置坐便器和小便器。

图 4-21 双边形书房的造型与光线设计

图 4-22　卫生间设计示例图

八、储藏室设计

储藏室的种类和数量是衡量住宅档次的一个标准。衣服、玩具、书、收藏品等都要有足够的空间摆放，所以家庭室内设计要有充分的储藏空间，越是空间面积小，储藏空间也就越显得重要。而且不同种类物品的储藏方式也有所不同，有些物品不需要展示，如衣物及弃之可惜的东西；而有些物品需要在储藏的同时一并展示出来，如收藏品、书籍。经常用的东西一定要存取便捷，并且对不同身高和年龄的使用者要进行特殊设计，要考虑使用起来方便。为节省寻找物品的时间，一般会采用"一目了然"和"开门见山"的设计。

第三节　日式住宅空间设计的巧妙之处——收纳空间

由于社会经济的发展变化，小户型住宅受到越来越多的人的青睐。而如何在紧凑的空间里舒适地生活，是越来越多的户主和室内设计师的追求。在这方面，日本有很多可资借鉴的理念和实际操作，因其岛国特性而在住宅设计中有很多收纳空间，并表现出鲜明的"收纳文化"特色。

一、日本收纳文化中的"断舍离"

有关收纳和整理的概念，不少书籍中已早有涉及。但是"收纳"这一整理术和设计理念，是近十几年才被人们普遍关注的。

顾名思义，收纳是指将物品整理收拾起来并放好，人们一般会拿出很多东西来用，用完后再放回去，那么"放回去"这种整理收拾的行为就是收纳。日本住宅设计中对收纳有更明确的定义，就是将大容量的物品压缩到最小限度的空间内，并且让人们感觉到美观和舒适。由此来看，收纳又不仅仅是整理，它与人的意识以及精神活动关系密切。收纳不仅成为人类的一种行为，而且还成了一种文化。日本住宅设计中更将自己对收纳空间的营造称为"断舍离"。

"断舍离"是根据最小化理论提出来的一个崭新概念。它从根本上分析了人和物品之间的关系，具体指通过减少不必要的东西来获得室内空间，以此让生活和人生达到一种和谐的状态。它来源于瑜伽的行法"断行""舍行""离行"，是一种思维方式，同时也是一种生活方式和处世方式。通过断开和丢弃人生和日常生活中不必要的东西，让人从对物品的迷恋中解放出来，帮助人们获得轻松愉快的人生。

"断舍离"是对日本传统观念的一种颠覆。在日本传统的观念和价值观里，"浪费"是可耻的，是不可取的，但这一观念如果太过牢固，则会给自己的生活和精神带来很大的负担；一些用不着的东西如果不丢弃的话，将来会慢慢在家里积攒下更多的东西，那么本应舒适的生活空间就会越来越拥挤，给人一种压迫感。而处理这些庞大的堆积物要花费大量的时间和精力，长期下来就给人们的身心带来很大的负担，不利于身心健康。"断舍离"试图通过瑜伽的行法让人们被传统"浪费"观禁锢的心灵获得释放，让人们从自己慢慢累积的重压中解放出来。

"断舍离"这一观念被越来越多的人所接受，很多人都在尝试，并逐渐发展成为一种时尚。这是一种崭新的收纳整理理念，受到越来越多追求节约生活的年轻人的喜爱。这种整理方法备受关注，"断舍离"这个词也因此入选日本2010年的流行语。

日本独特的收纳整理术已发展成一种文化，它吸引着全世界人们的目光，带给人们深刻的印象。例如，垃圾分类和对宾馆、旅馆等空间的有效巧妙利用。在各个领域中，日本人都展示着令世人惊叹的智慧。经过岁月的积淀，在日本人的日常生活中孕育而成了日本特有的收纳文化。由此可见，日本的收纳文化缘起于日本的住宅文化和住宅现状。

日本住宅设计中有"近临住区论"一说，即以半径400米左右，人口在5000~6000人的区域为一个单位，周边的主干道圈住该区域范围。在该区域范围内设学校、商业街、行政机关、绿化等，交通线路穿过区域中心，而且为防止汽车速度过快，特意把马路修得弯弯曲曲。这样，居民的日常生活基本就可以在步行的范围内进行。在这样的环境中，就必须考虑在狭小拥挤的住宅空间里如何合理利用空间，如何归置大量的物品。此外，土地的所有权也对日本的住宅地产生了很大影响。作为一个岛屿国家，日本的土地资源十分有限，而且人口不断增长，老龄化社会现象严重，相对来说，土

117

地越来越少。在这种形势下该如何合理利用空间，是日本人面临的一个大问题。

此外，日本的土地是个人财产，可以自由买卖。土地价格有可能上涨，如果地价暴涨，人们的购买力就会受到限制，这样间接地迫使人们有效地利用现有的空间。总之，日本独特的住宅状况孕育了日本独特的住宅文化和收纳文化。

二、收纳的分类

不同类型和结构的城市、家庭对居住空间、收纳需求都有不同的要求。而不同收纳空间、家具的处理、安装方式、使用特点等又各不相同，所以我们应该从不同的角度对收纳设计来做分类。

（一）按装修顺序分类

收纳按装修的先后顺序可分为"硬装"和"软装"，它们在施工时段上不同。"硬装"是提前规划好的空间，需要在装修阶段完成。例如，储藏间、地台、阁楼、现场制作的家具等。"软装"则可在装修完成后再进行，可以后期改动，如收纳家具、工具等。

（二）按功能空间分类

收纳按居室的不同使用功能可分为：玄关收纳、客厅收纳、餐厅收纳、卧室收纳、书房收纳、厨房收纳、卫生间收纳、阳台收纳和其他空间收纳等。

（三）按结构分类

收纳按结构分类，可分为开放式、封闭式、半开放式、综合式、隔断式和组合式。收纳设计强调合理的空间结构，符合使用者的存储需求，同时又要遵循美观的原则。不同家庭对收纳的要求不同，收纳按结构分类包括下列六种形式。

1. 开放式收纳

开放式收纳是指将被收纳物品展示出来，具有装饰效果。例如，装饰隔板、多宝格、壁龛、玻璃柜、无门书柜等。开放式收纳的形式适合摆放数量较少的东西，同时要求被收纳物品具有良好的观赏性，例如，小型雕塑、艺术品、陶瓷品、玻璃器皿、照片、盆栽、书籍、碟片等。

2. 封闭式收纳

封闭式收纳是指将被收纳物品完全隐藏起来，将物品放入收纳空间的内部。封闭式收纳通过门或抽屉等使物品与外界处于绝对隔绝的状态。其视觉效果统一整齐，并可以很好地阻碍尘埃。例如，衣柜、鞋柜、带门书柜、橱柜等。如果室内可利用面积较小、室内造型多，被收纳物品的种类多、数量多，一般建议采用封闭式收纳。

3. 半开放式收纳

半开放式收纳是将被收纳物放到封闭的空间里,以透明或半透明的柜门作为屏障,以达到视觉可见而物品与外界隔绝的状态。既有展示功能,又能有效防尘。

4. 综合式收纳

综合式收纳是开放式与封闭式收纳的综合运用。例如,一组收纳家具,一部分有柜门或抽屉,是封闭的;一部分没有柜门,是裸露的。收纳物品时应根据使用者需求来摆放。既有展示的一部分,又有可以隐藏的一部分。

5. 隔断式收纳

隔断式收纳是指利用天棚与地面之间的竖向空间,利用其立面,建立搁架或柜体,打造封闭式或半封闭式的收纳家具。既有隔断空间的功能,又兼具储藏和装饰功能。

6. 组合式收纳

组合式收纳是开放式收纳、封闭式收纳的结合使用。将被收纳物品放进收纳工具(如整理箱、收纳篮等)内,再把收纳工具放入收纳家具种。这种方式可以让空间内部划分更细致、灵活、利用充分,使物品归类明确,寻物有据。

(四)按固定方式分类

按固定方式可将收纳分为固定式收纳和移动式收纳。

1. 固定式收纳

固定式收纳是指收纳产品依附于室内的建筑结构,安装后不能轻易移动位置。利用钢丝、钢管、膨胀螺栓、胶黏剂等辅助材料,将家具、道具固定在墙面、顶面、角落等处。可以是落地式或悬空式,例如,吊柜、墙面隔板、壁挂式书柜、悬挂式收纳盒、楼梯下储物柜等。这种收纳方式可以充分利用竖向空间、顶部空间和零碎空间,增加居室利用率。这种方式灵活、方便,储藏功能强大,广受业主欢迎。

2. 移动式收纳

移动式收纳是相对于固定式收纳而言的,指收纳产品可以随意移动和摆放。例如,可移动衣柜、书柜、展示架、酒架等。

现在很多新型家具是可以根据具体住户的要求而进行自由组合安置的。如组合式书柜、玩具柜、沙发、茶几等,它是多个家具单体的组合,有多种不同的组合和固定形式。可变性、实用性强,安装方便,可以达到一物多用、一物多变的效果。适合家庭结构会发生改变或喜欢将居室布置成不同格局的用户。

三、室内住宅设计与收纳

城市室内住宅设计是对建筑内部空间二次加工并进行创造、整合的过程，它是为满足城市居民的日常生活需求而进行的设计规划工作。室内设计要根据住宅的类型、面积、形状、朝向、楼层、装修档次、家庭结构、使用者要求等，运用科学手段、施工技术、装修材料、家具配饰等打造空间合理、功能齐全、舒适便捷、美观、温馨的空间。它既有使用价值，又有风格、色彩、氛围等文化精神上的体现。

做室内设计时，要综合考虑整体风格、空间组织、人流动向、色彩处理、照明设计、室内陈设等相关的要素，并结合空间的具体功能及业主的生理、心理等需求，同时要注意设计的科学性和规范性，突出可持续发展理念，以创造和谐舒适的居住空间为目标。

对功能齐全、居住舒适的要求，主要体现在收纳设计方面。收纳空间设计是室内住宅设计中很重要的一部分，与整体思路、各个空间、风格、色彩等都密切相关，不可分割。

（一）收纳空间的风格

因为收纳空间、收纳产品在整个居室中占据不少空间，所以不同的收纳设计，包括收纳方式、收纳布局、收纳造型、收纳材料、收纳色彩的选择等，都不同程度地影响着整个居室的风格，对整体居室的风格定位可以说有着至关重要的作用。

好的居住空间设计风格不仅能给居住者带来舒适温馨的感觉，而且也能体现主人的喜好、文化修养和品位等。如图 4-23 所示是一个日式收纳空间，浅浅的原木色，简单又清新自然，让人倍感亲切。空间上选择对称式布局，在右侧墙体上设置开敞式书架，收纳功能强大。书架下方是书桌，有足够的长度，实用大方。对面墙体为架起式床体。床板下方均为封闭性储物柜，容量大、实用方便。整体风格淡雅温馨，亲切宜人。

室内设计的风格大概分为三个系列：东方系列（中式风格、日式风格、泰式风格）、欧式系列（北欧风格、西欧风格、地中海风格）和美式系列（乡村风格、现代风格）。

1. 东方系列的收纳设计

中式风格的室内空间和设计造型大多对称而端正，凸显庄重、稳重、优雅的感觉。居住面积一般较大，收纳产品的造型考究、线条和装饰图案细致。让人总体感觉低调却典雅华丽，档次较高。其不同功能空间的联系，讲究传递、过渡和渗透，层次丰富。

图4-23 日式收纳

泰式风格的室内设计主要注重显示其特有的民族风情和天然美的魅力,色彩丰富、艳丽、浓烈,尽显豪放与热情,神秘、高贵、悠闲是它的特点。居室空间的材料都来自大自然,以木制、藤制、柳制品为主。不同的功能区域经常做开放式处理,注重对空间氛围的营造。藤椅、丝质抱枕、沙幔、木雕等是泰式空间的常用元素。

日式风格的室内设计强调功能和实用性,风格方面着意对休闲放松、宁静幽雅环境的营造。造型简洁大方,线条简练,没有烦琐的装饰,给人清洁、幽静的感觉。颜色配置温馨,碎花淡雅是其特点,以原木色为主。选用天然材料,例如,原木、藤、竹子、麻、草、柳等。

2. 欧式系列的收纳设计

北欧风格的室内设计现代、简约,强调功能性,线条简练,装饰极少。北欧式家具更是强调实用、功能、舒适,讲究造型简单。它注重人体工程学与家具的完美契合,如椅子靠背的曲线怎样与人体背部脊柱弧度相吻合。装修色彩搭配丰富、多样化。选材种类多,如木材、石材、金属、铁艺、玻璃、布艺、高分子材料等。

西欧风格的室内设计华丽高贵、富丽堂皇,线条丰富而烦琐,讲究装饰性。色调浓烈,以暖色为主,如黄、红、金色等。西欧家具雍容华贵、造型精美,装饰性强,大多采用深色,凸显稳重大气的感觉。饰品瑰丽、端庄,曲线运用较多,线条流畅而优雅。木材以榉木、楠木、樟木等名贵木材为主,布艺大多采用高档的丝质品、绸缎等。壁炉、柱头和烦琐的线条是其常用元素。

地中海风格的室内设计有着突出的特征,散发着浓郁的地中海民族风情,自然、清新、浪漫、休闲是其特点。其色彩纯美,有几种经典的颜色搭配:由西班牙的大海、沙滩的天然色彩演变成的蓝色、白色搭配;由希腊的村庄、树木、沙滩、大海的色彩演变成的绿色、黄色、蓝色搭配;由北非的沙漠、岩石的天然景观演变成的土黄色、红褐色配搭。地中海风格的家具多样明亮、纯度低、色调柔和、线条简单,具有田园风格的亲切宜人感。材料多选用自然原木、天然石材等。

3. 美式系列的收纳设计

美式乡村风格的室内设计带有浓郁的乡土气息，在突出古朴、粗犷的同时，强调舒适、轻松自由、宁静闲适，以回归自然为理念。美式家具自然质朴，没有琐碎的装饰，大都有着宽大的体积、厚重的质地、简约的线条、保守的造型，舒适度很高。室内空间以自然色调为主打色彩，如绿色、褐色等。纸浆壁纸、仿旧漆家具、棉麻沙发、摇椅、铁艺等是其常用元素。

美式现代风格的室内设计注重空间利用和功能设置，强调简洁清晰与高贵华丽的结合。它追求高雅、华丽，多把居室环境营造出富丽、浪漫的氛围。色彩总体上以白色、浅色为主。家具以单一色为主，装饰线条少。室内空间的材料运用丰富，如木材、玻璃、钢、合金、布艺等。

（二）收纳设计中的色彩

收纳设计对整体居室的风格有很重要的作用，对居室色调同样具有不可低估的影响力。所以收纳要讲究色彩搭配，做到收纳色彩设计个性时尚、和谐有品。

居室生活空间有三大构成要素：形体、色彩、质感。多样的色彩会给人不同的感受，例如，冷暖、轻重、软硬、前后、大小，甚至华丽与朴实、稳重与活跃、热情与冷漠等，对空间的塑造有一定作用。巧妙运用色彩搭配，可以打造出不同感觉的居家环境。在进行收纳设计时，必须首先考虑室内的色彩空间效果。

如图4-24所示，卧室床边的床头柜选用了实木深色，让一个浅色调的房间瞬间充满了温暖清新的感觉。与桌上各色鲜花的搭配相呼应，和谐自然，减少突兀感，起到了活跃气氛的作用，时尚大方。

图4-24 收纳色彩设计

（三）收纳空间的获得

随着城市化发展，我国各城市居民人口增多。住房用地有限，而在有限的空间中，人们的使用要求越来越高。空间不足、空间利用不当、空间设计需改进等问题日趋严峻，使得室内设计师们不得不费尽心思考虑如何让空间和面积的使用发挥到极限。在这个过程中，收纳空间的设置和利用就显得格外重要。如何让中小户型住宅拥有大空间的使用率，如何让大户型的空间使用井井有条，是我们要研究的内容。

如图4-25所示，可以把经常被人们忽略掉的沙发背景墙做成一面完整的收纳墙，既丰富了层次、增加了美感，又最大化地利用了居住空间中的竖向空间。

图4-25 被改造成收纳墙的沙发背景墙

再如图4-26所示，一个超小客厅兼具书房功能的收纳设计，在有限的领域打造了充分的收纳空间。拐角领域被利用得非常合理，书柜与书桌结合、书柜到顶的形式，既满足了功能需求，又有大量的藏书空间。书柜与电视柜的材质和色彩一致，体现了小空间的整体与统一性，大方美观。

图4-26 被充分利用的收纳空间

第四节　日式小户型住宅空间设计实例

一、小户型住宅空间设计分析

（一）一居室小面积住宅

一居室是指在一个大空间内同时容纳起居和卧室的小面积套型（如图4-27）。这种不到50平方米的小面积套型住宅的价格不算太高，能够满足居住者最基本的居住生活需求。套型空间内部只配备必需的生活设施，套型面积的减小，使得采光面相对较窄，只能通过一侧的大玻璃窗或阳台得到自然采光（图4-28）。

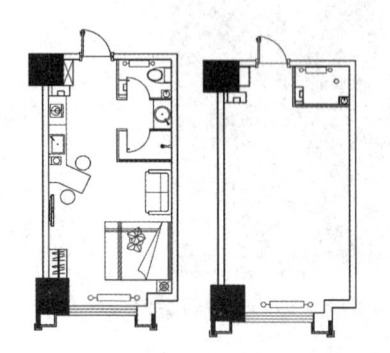

图 4-27　小面积户型的平面图与实景图

图 4-28　利用自然采光的小户型设计空间

第四章　日本住宅空间设计

这个一居室小户型平面相对规整，基本不存在室内空间浪费问题，各功能空间相对集中，交通空间融合到了起居空间当中，基本上包含了生活居住所必需的生活空间，满足了居住者的居住需求。该户型将厨房、卫生间、生活阳台（放洗衣机）并列在了户型一侧，明确地将户型划分为两个不同的分区——干燥区和潮湿区，并且成功地将管道聚集在了一起，这也有利于排水设计。但是将起居室放在紧邻入口一侧，尽管保证了卧室的私密性，但对起居室的采光会有很大影响。卧室本身只有晚上睡觉时才使用，相对于起居空间来说，对采光要求低一些。所以可牺牲卧室空间的私密性，将卧室空间与起居空间对调，然后通过软质隔断对卧室进行遮挡，这样可能相对更为合理。

对于这种一居室的小户型空间住宅，由于面积较小，相对弱化掉的功能就可以不考虑在小面积住宅设计内，前提是周边要有良好的生活配套设施，像超市、饭店、银行等，这样才能够满足居住者的生活需求。

回迁房户型平面（图4-29）的一居室小户型面积为60平方米，平面相对规整，功能布局相对集中，除了入口门厅位置空间利用不充分外，基本不存在室内空间浪费问题。通向卧室的走廊空间与起居空间融合，达到了空间的高效利用，基本上能够满足住户的居住需求。该户型的厨房、卫生间属于污垢分区，餐厅、客厅、卧室属于清洁分区。生活阳台（放洗衣机）和厨房相通。餐厅和客厅共享一个大空间，但是减去餐桌去掉的一半面积，客厅放沙发的面积就小很多了。再者，通向卧室的交通空间直接穿过客厅中间位置，严重影响坐在沙发上的人看电视的效果。该小面积住宅为中间户，基本满足日照采光、通风要求。

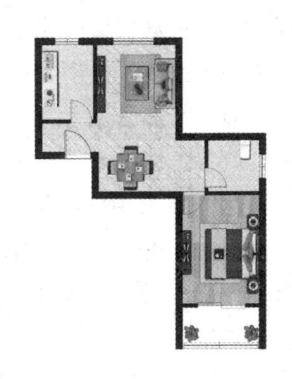

图4-29　回迁房户型平面图

（二）多居室小面积住宅

多居室小户型的特点是各功能空间相对完善，并独立设置，也就是通常所说的一室一厅或者两室一厅，能够保证最基本生活居住需求。但这种户型结构不够紧凑，有部分面积比较浪费，且起居室采光也不足。如果是中间户，户内通风受影响也比较大。有的户型的起居厅与餐厅合用一个大空间，但中间户只能通过餐厅附近的窗户采光，客厅基本采光要依靠人工照明来满足。客厅面积相对较大，能够摆放小型的三人沙发，餐厅不需要设置其他隔断，明确与客厅分开，餐桌摆放位置也不受影响。所以，小面积住宅起居室空间内摆放家具时，要尽量选择相对尺寸较小、结构比例紧凑的，尽最大可能为居住者提供舒适的居住空间，避免给人拥堵感。

多居室小户型有两个卧室，其中一个为主卧，是给夫妻准备的；一个为次卧，可以是未婚孩子的房间，也可以是客房或者书房。有的户型虽然主次卧占有了良好朝向，但是次卧采光窗面积较小。主次卧入口处走道空间相对比较浪费空间，不能够有效利用。客厅、餐厅、卧室都属于清洁分区，卫生间和厨房属于污垢分区，分区相对明确。

卫生间面积比较小，内部仅配备淋浴器、洗手盆和坐便器即可，这样舒适性更强，空间利用率更高。将来洗衣机可放在餐厅外的阳台上。

厨房虽然能够有效采光，但是距离卫生间位置过近，而且相对离餐厅较远，做好饭菜后要经过卫生间入口才能到达餐厅。如果在餐厅与厨房的隔墙上预留玻璃窗，可能会好一点。厨房面积还不算小，但是窗户位置很是局促，对厨房通风采光不利。同时采用L型单排橱柜，厨房的空间舒适度还是比较不错的，但是没有放冰箱的位置。

以上分析了户型的不足，但户型中动静分区、洁污分区基本明确，能够满足起居、就餐、休息等基本居住需求，该两居室户型比较适合一家三口的核心家庭。

部分户型中的起居厅与餐厅合用一个大空间，但是户型平面过于细长，更不利于通风和采光。只有起居厅有一个对外的窗户，起居厅设计在了户型中部，餐厅在客厅北面，采光严重不足。但是餐厅和起居厅总面积还算比较大，基本满足起居和就餐需求。

有的户型卧室设置在了阳面，能够满足一定的采光需求。但是进入卧室需要穿过起居厅，会影响起居厅的视线。有部分户型虽然也有两个卧室，其中一个是主卧，一个是次卧。不同的是，有的户型中的主次卧入口处走道空间无浪费，客厅、餐厅属于动态分区，卧室属于安静分区，分区相对明确。

随着对小面积住宅的进一步研究，对于小户型中的一些灰空间的处理是至关重要的，如玄关、走道空间、储藏空间等。这些空间虽然相比卧室、客厅、卫生间等不是必备的，但是这些灰空间对于小面积住宅的空间品质提升起到很大作用，如卧室的凸窗，面积大一点的甚至可以做成榻榻米使用，供人们阅读、坐卧休息等。虽然这些灰空间面积少之又少，但是其用途不容忽视，对于空间舒适性的提升，有很重要的作用。

（三）双层式小面积住宅

日本奈良AA公寓坐落于奈良的一个住区（如图4-30）。这个日本小面积公寓的总建筑面积是63平方米，是为一个三口之家的夫妇设计建造的。由于用地面积有限，公寓的设计建造受周围住宅的影响相对较大。公寓有两层，底部由一个中厅连着两个相对较大的空间作为卧室和其他功能使用。整个公寓是一个大屋顶的两层小住宅建筑。

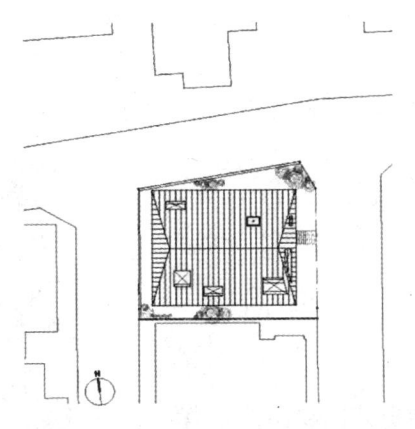

图 4-30　日本奈良 AA 公寓平面图

日本奈良 AA 公寓面积虽小，但是该建筑分成两层，一层有两个居室和洗衣房、浴室、厕所，通过入口的一个小门厅将各个空间联系到一起；二层包含厨房、餐厅和起居室，其中起居室和餐厅采用整体大空间形式。该小面积住宅一层周围都有居民，因此一层空间相对封闭，主要采用高侧窗采光，这样私密性更强。设计师巧妙地通过大屋顶的设计，使得外面的人看不到公寓内部，同时内部的人也看不到外部，但是其采光和通风良好。除了一层的卫生间和洗浴空间是封闭的小空间，其他房间均采用比较完整的大空间，room1、room2 空间内部均无隔断等分割。该小面积住宅在二层设计了尽可能开放的空间，厨房与餐厅相连通为一个大的开放空间，二层的大面积玻璃窗能够满足良好的通风采光。如图 4-31 所示。

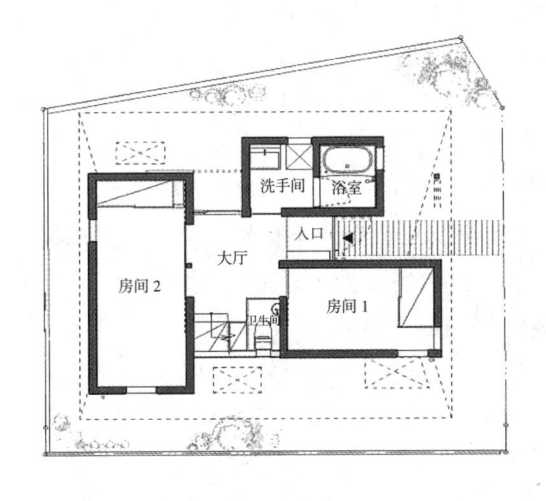

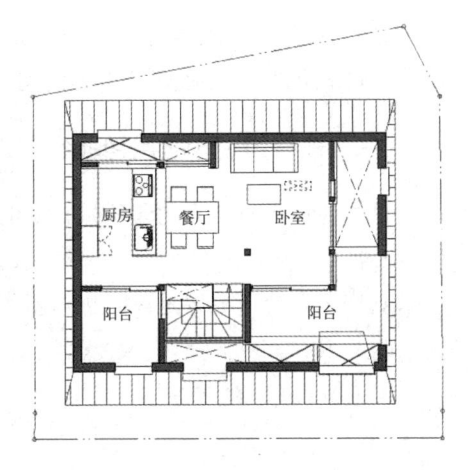

图 4-31　日本奈良 AA 公寓的一层和二层平面图

由于日本奈良 AA 公寓属于独立式的小面积住宅，设计师在四面均考虑了自然采光，充分利用从窗户射入室内的自然光线，并在二层楼顶考虑了顶部采光，如图 4-32 所示。在夜晚采光不足时，设置了人工光源采光，以保证室内光环境。

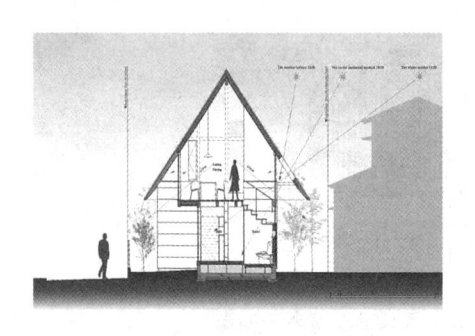

图 4-32　日本奈良 AA 公寓利用自然采光的效果示意图和实际效果图

但是该小面积住宅分区不是很明确，一层两个居室中间被楼梯和小厅隔开，既有动又有静；洗衣房和洗浴室相对独立。二层餐厅和起居室都属于动态分区，厨房相对独立。

（四）小面积住宅居住空间改进建议

小面积住宅居住空间过于紧凑，空间布局集中，尺寸面积较小，在空间的组合分割上要尽可能保证空间的完整性。小面积住宅居住空间的面积小不是目的，舒适才是本质。因此，应该考虑空间的尺度舒适性、空间的整体性、使用的便捷性等。小面积住宅居住空间本身面积较小，在空间分割上应尽可能采用新型材料做分割隔断，新型隔断质轻、隔音、耐久，具有良好的使用性能，并且在空间的二次改造过程中使用很方便，不会对建筑主体造成破坏。小面积住宅居住空间应该是"麻雀虽小，五脏俱全"，使用起来便捷舒适，满足居住者的居住需求。

二、日式小户型住宅空间设计实例

日式住宅风格给人的印象是较低的楼层、自然质朴的设计风格，让人更多地享受生活，将小空间的收纳效果发挥到极致。那么 37 平方米的小空间应怎样设计？

厨房区设计得更像是一间咖啡屋的接待台（图 4-33）。

第四章 日本住宅空间设计

图 4-33 厨房部分效果

全屋大部分利用木质元素进行装饰，天花板则保留了水泥材质，整个空间让人感觉异常舒适（图 4-34）。

图 4-34 木质地板与水泥天花板在小户型中的合作

水泥天花板与整体构造浑然一体，极具设计范儿的工业风格设计笔触，让人不觉融入其中。浅色木地板搭配可移动式小书桌，是非常实用的小空间扩容小技巧。一个

129

简单的沙发，开放式的厨房设计，客厅、厨房与餐厅三者合为一体，小空间也能住起来很舒适（图 4-35）。

图 4-35　小户型中的厨房、餐厅与客厅空间

第五章　住宅设计与施工过程中的心态要求

衣、食、住、行是人类生存所必不可少的要素。其中，又数"住"的问题最为复杂。对于大多数中国人来说，买房子并不是一件容易的事情。然而，人们为了生存下去必须要有房子，并且考虑到家人的未来，不得不下定决心，买下这"生平最贵之物"。这样一来，无论是谁都会非常谨慎，"不允许自己失败"。可无论是买房子还是装修房子，都不是心急就能解决的事情。

第一节　享受设计的过程

通常一提到夏天的房屋，就会想到避暑地的别墅；一提到冬天的房屋，就会想到避寒地的别墅。但这里要讨论的并不是这个话题。我们要探讨的是，设计房的时节以及状况，都会对房屋的设计产生很大的影响。

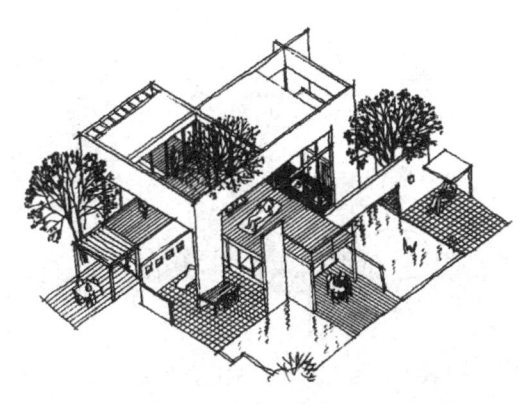

图 5-1　由水、植被、室外和半户外空间巧妙构成的住宅

例如，夏天设计的房屋是开放式的且通风好，属于清凉型。而冬天设计的房屋常常不考虑通风性，并且为了防寒常设计为封闭式。

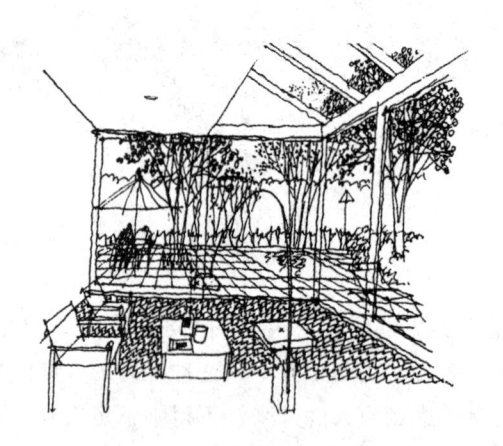

图 5-2 夏天设计的住宅起居室

人们都会在天热的时候忘记天冷时候的需要，而只在意如何避暑的问题。酷暑时节咨询设计问题的人，最关心的往往是如何避暑。空调装置、针对午后阳光的对策以及通风问题等占据了咨询话题的大半部分。

例如，我们带客户去参观一个客厅，这个客厅里设有一个带大天窗的日光室。由于季节的不同，客户对此的反应也会千差万别。

在寒冷的冬季，询问者很容易接受这样的设计规划。冬天的阳光照进房间，使房间充满阳光，增添了一种温暖的感觉。

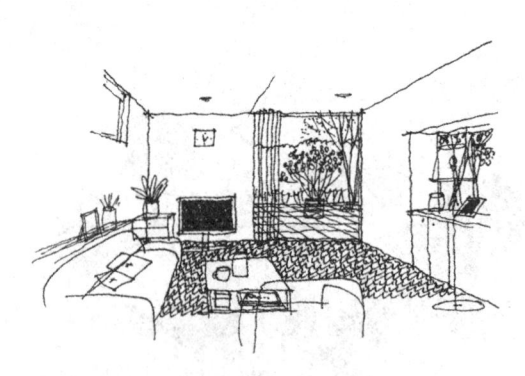

图 5-3 冬天设计的房屋实例

第五章　住宅设计与施工过程中的心态要求

但是在盛夏，不停流汗的咨询者们往往都不会接受光照很强的设计，因为这样会使人感觉更热。

温带地区四季分明，变化明显。要设计出令人满意的起居室，必须分别考虑冷、热、干、湿等问题，这样一来至少得花一年的时间。

完成住宅的建造是一个很重要的问题，但是了解建造的过程更有意义。

在设计阶段，客户可以确认住宅设计的理念；在施工阶段，可以看到住宅完工的过程。当然，和工匠们之间的交流也是一件很愉快的事情。

另外，盖房子的过程和等待孩子降生的过程十分相似。和经过十月怀胎的等待生下来的孩子，怎么看都觉得可爱一样，对于花费时间慢慢等待、翘首以盼的房子也会产生类似的感情。

第二节　取消要求与推后需求

人们常这样说："如果不盖上三次，便无法得到满意的房子。"然而笔者认为，岂止是三次，无论装饰多少次，都无法得到心满意足的房子。这是因为，人类的"欲望"和"梦想"会如泉水般无止境地涌现，因此能够满足所有这些条件的住宅是不可能存在的。

人生中只要有一次建造自己住宅的机会，就是幸福的。若真能拥有这样一次机会，自然会对房子寄寓很大的期望。然而，梦想未必能够实现，因此才被称为梦想。总而言之，拥有好住宅的秘诀并不在于它能够满足你多少需求，而在于它能够锁定你多少要求。

对无限膨胀的要求进行目标锁定，我们便能够认清自己真正所需的东西。为了创造一个优质的住宅，我们要锁定自己现阶段必须满足的要求和需求，将剩下的需求推后。然而，不要把这些保留下来的部分视为无法实现的部分，而是要将它们视为"梦想"，期待着某天能够实现。也就是说，我们不要把许多梦想横着一字排开，而是要把它们竖着排成一列去考虑。梦想并不能够一下子全部实现，而是要根据家庭的构成情况和经济状况，按照先后顺序去实现，这才是拥有优质住宅的秘诀。

有这样两个概念——"骨架（skeleton）"和"填充物（infill）"。简而言之，"骨架"就是结构构架，放入其中的东西便是"填充物"。首先应完成结构构架，然后再根据需求慢慢增加所需的空间。

与这一概念一样，应先完成房屋的构造、屋顶和外墙等重要的部分。在较为次要的内部装修上无须花费太多时间，待日后慢慢对其进行填充。这样便建成了符合当前要求的住宅。

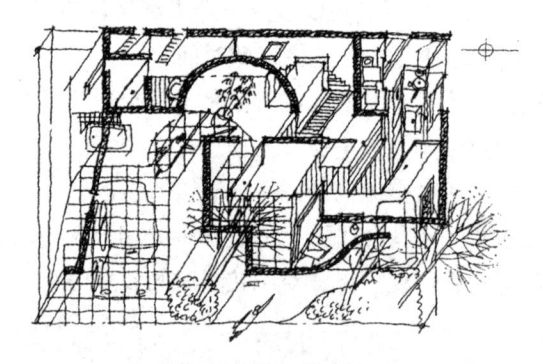

图 5-4　第一种方案

南侧设置为停车场，北侧设置为庭院。由于两者分开建造，对两个空间进行了细致划分，因而显得非常狭窄

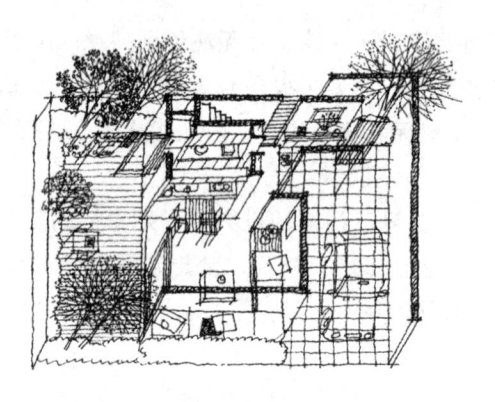

图 5-5　第二种方案

南侧设置为庭院，北侧设置为停车场。然而南侧的庭院太小，从起居室就可以看到前面住户的内部，影响美观

这里所举的例子是几经调整后的住宅设计方案。起初的第一种方案和第二种方案就是注入了太多需求的套餐式住宅。可想而知，起居室、厨房、餐厅等，都会变得非常狭窄，无法拥有充分的空间。

对所有条件进行整理并分析后，我们发现，停车场和庭院之间的关系成了设计的关键所在。于是，我们便产生了这样的疑问：难道要因为车子而使日常生活变得拘束吗？如果不再设置停车场或带草坪的庭院会如何呢？相信在生活中，不会有人从早到晚地看着带草坪的庭院，或者是看着停在玄关前通道上的煞风景的汽车。汽车停放在门前，的确会很方便。然而，若是考虑到一周才开一次汽车，那么会不会觉得自己好像是在停车场生活呢？这样想来，我们便决定租借附近的停车场，将车子停放在外面，重新对房子进行设计。

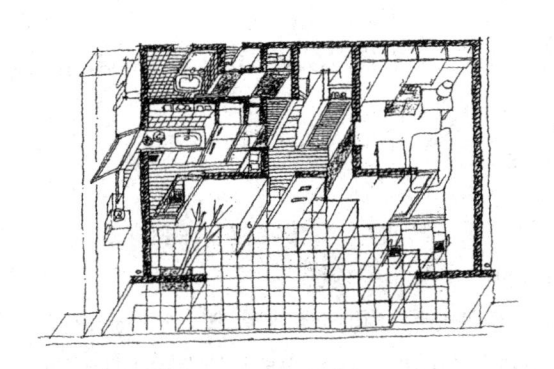

图5-6　第三种方案的一楼俯视图

该方案不拘泥于方位，将房子的正面设置在面对道路的一侧，且不设置停车场。路旁留有多用途的开放空间，庭院里种植弗吉利亚栎树作为纪念

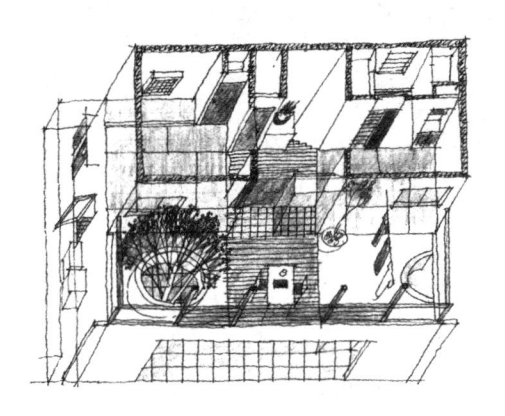

图5-7　第三种方案的二楼俯视图

将一楼开放空间的上层改成露台，并在二期施工时改建为阳台

这样一来，房子前面多了宽敞的开放空间，心情也变得舒畅很多。这片开放空间可以作为孩子们放置自行车的场所。雨天时还可以作为放置雨伞或晾干雨伞的场所，五颜六色的雨伞像花儿一样绽放，一定十分漂亮。有时候，这片开放空间甚至可以作为打乒乓球的场所，或者作为招待朋友的烧烤场地。

此外，这里还可以是同街坊邻居聊天的场所，可以增加与街坊邻居之间的往来。不必多说，将这个空间作为人们交流的温馨场所，显然比用作停车场更具意义。如果当初将这个空间设置成停车场，也许这种与街坊邻居之间的温暖情谊便不会产生了。

第三节　了解基地特点以确保采光

一、了解基地特点

在房屋和高级公寓的租赁广告中，"房间位于东南角，光照非常好"等居住环境好的，自然人气很高，价钱也会相应较贵。

可是近几年，确保充足光照变得越来越困难。各地都出现了反对高楼建设的运动，成了一个比较普遍的社会问题，而其主要原因便是日照问题。

相信大家也经常目睹自家住宅附近发生的此类事情。如果某处房子准备出售，不动产商便买下这块土地，对土地进行分割后再进行出售。于是原先的一整块土地被分割成三十坪（约99平方米）、四十坪（约132平方米）等大小不同的住宅。也就是说，在一栋房子的基地上修建出三栋或者四栋房子。

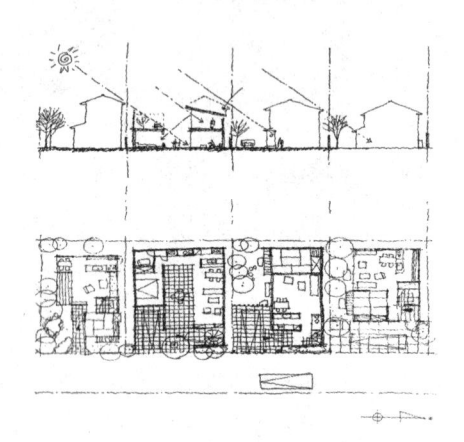

图 5-8　典型住宅地上的建筑物分配

依旧将庭院设置在南侧，建筑物设置在北侧。其中，框出来的部分是不易受到南侧房子影响的一个设计方案

可想而知，开放空间率下降，住宅开始变得拥挤、混乱，采光也变得不好。加上

树木等绿色植物变少，导致居住环境变差。于是，便形成了我们现在这样的住宅环境。

商品房的布局几乎都是"往前排"式，也就是一个房子连着一个房子。住宅全部坐北朝南。当然，南侧的阳光会比较好。然而，若住宅占地面积过小，前面房子的影子打下来时，院内便没有了阳光。更为严重的是，不仅院子内没有阳光，连起居室也很少能受到阳光的青睐。

并且，在前面房子的北侧，也就是它们的后墙，还会出现厕所窗户、浴室换气口，或者是热水器、安装在户外的机器等不合氛围的东西。甚至还会出现上厕所时可以将后面房子的起居室一览无遗这样的现象。

对土地的整体规划是，将起居室和餐厅等公共区域设在北侧，中间作为中庭，被前面房子挡住光照的区域作为卧室和停车场。这样，中庭便可以经常沐浴在阳光下，照射在起居室的阳光经反射后打在卧室内，使卧室也充满了柔和的阳光。另外，还可以通过改变卧室的高度，来调节照入中庭的日照量。

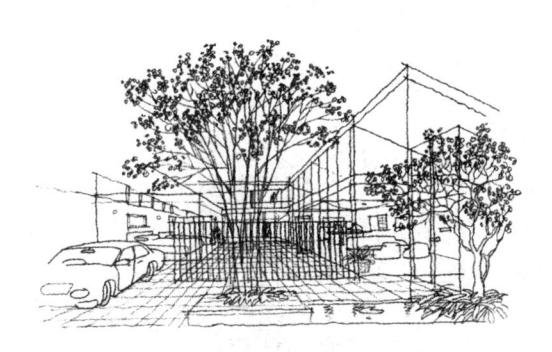

图 5-9　从道路上所看到的外观

二、巧妙利用柔和的间接光

人们一般认为，南侧的光照比北侧好。在这里，要对这个常识进行一些修正。如图 5-10 所示，假定该地周围没有任何建筑物，那么，该地的日照量以及日照时间便同南北方向无关，无论哪处都是相同的。

但事实是，我们的住宅基本上全被房子包围了。即使现在住宅的旁边有一片空地，在不久的将来，也一定会被盖上房子。这种情况如图 5-11 所示，基地南侧会受到前方住宅的影响，白天会一直处在阴影之下。因此，即使在南侧设置庭院种上花草，由于处在南侧房子的阴影下，植物最终也会因光照不足而枯萎。

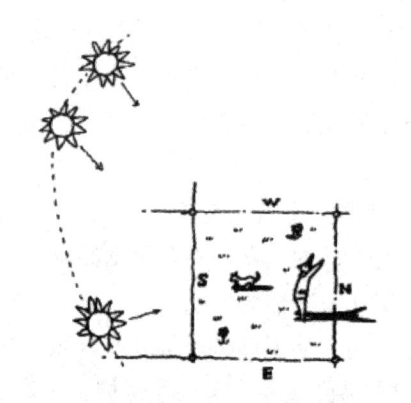

图 5-10 基地周围无任何建筑物的状态

白天全天都日照充足

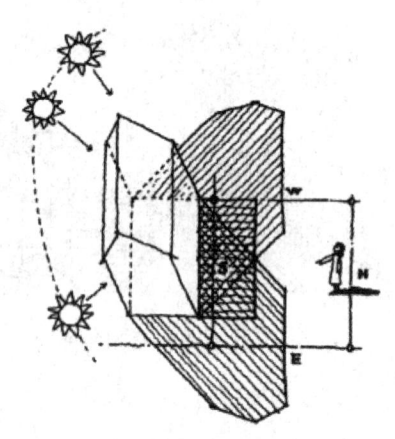

图 5-11 基地南侧有建筑物时的光照情况

基地南侧有阴影的时间偏多，北侧的光照反而比较好

这样看来，认为南侧光照一定好的这种想法其实不够科学。

只站在自家的基地上看方位的话，可以称之为南侧、北侧。然而若是从后方的相邻基地上来看，这里的北侧对于他们来说便是南侧。如图 5-12 所示，这个房子在改建之前，由于原先的房子紧挨着北侧所盖的房子，因此南侧庭院所受光照并不充足，绝对算不上是一个好的环境。于是趁着改建，将整个房子往南靠，并在北侧设置中庭。这样一来，便同预想的一样，直射日光射到北侧的墙壁上，柔和的间接光洒满整个中庭，并且这柔和的阳光还被引入起居室。这样一来，不仅解决了隐私问题，而且也不用再看周围杂乱的景观了。此外，由于在中庭的上方加上了玻璃屋顶，即使是雨天，中庭也可以作为室内空间来使用，这样生活空间便得到扩展。如果稍做修改，还可以将中庭改建为书房和家务间等。

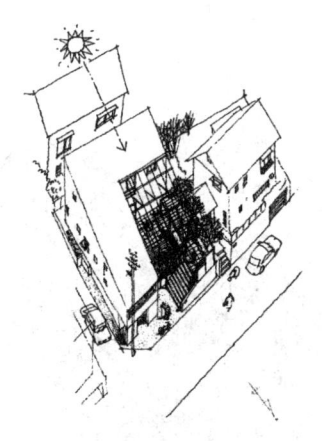

图 5-12　将建筑物往南靠，庭院设在北侧的住宅

第四节　在质与量间均衡成本

在建造优质住宅时，家庭成员要团结一致。如果每个人都坚持要满足自己的愿望或要求，那么住宅建造与设计便只会沦为一场"争夺"游戏。然而无论是谁，在建造住宅时，都会抱有期待。"无论如何都想实现多年的梦想"乃人之常情。

要求太多是一方面的问题，更严重的问题是，很多人还会经常会这样说："尽量宽敞一点""尽量多一点"。于是，建筑面积和地板面积增加，与此相对应，工程费用也会变为原来的两三倍。

物品的成本由质和量共同来决定。如果不想减少要求，那么为了不超出预算，就只能降低品质。这样一来，建筑上所有重要的结构材料、内部装修材料以及各种设备等都必须降低品质，这会引发许多重大问题。

而若要满足自己的全部要求，自然只能得到"廉价房"，即"廉价的住宅"。这样一来，人们自然不会对住宅拥有深厚的感情，也懒于对其进行整理和打扫。在脏乱和受损的恶性循环下，最终该住宅只能沦为失败之作。

因此，关键之处不是实现所有的愿望，而是锁定真正有必要的需求。时刻不忘要建造一个高品质的舒适住宅，这样做才是上上策。

如图5-13所示的住宅，是为那些从事教职工作多年的教员在退休后能够安享晚年而设计的。整体外观呈现出简单的长方体状，半户外空间的玄关通道和庭院以雁行阵的方式排列。从图片和外部也许很难看到，室内的墙壁只简单地贴了胶合板（五合板）。

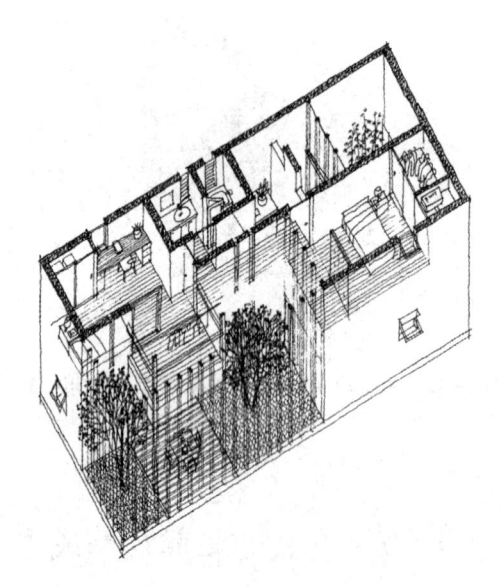

图5-13 拥有半户外空间的住宅

然而，这个住宅的特点是，将成本投入在从外观和内部都看不出来的结构构造上面，这一点非常难得。该住宅虽为木造，却打了比普通住宅强两倍的地基，尽量采用大的构件材料，而且多采用抗震墙壁和耐压地板，以提高耐用性和抗震性，使该住宅能够长久居住。被柱状格栅围起来的半户外空间一楼是露台，二楼是晾衣处和阳台。

第六章　增加室内空间的功能性与可变化性

追求改变就是向着个性化与变化发展，使每一间房屋都具有不同于其他房屋的个性和特征，跳出常规，打破陈旧观念，其目的是使人耳目一新。

第一节　巧妙利用间接光

随着季节的变换和时间点的不同，阳光呈现出各种各样的姿态。建造住宅时，人们最喜欢的光线便是直射日光。能够拥有沐浴着和煦阳光的住宅，这不仅是憧憬，也是梦想。

可现如今的住宅面积日趋紧张，并非所有基地都能够受到直射日光的青睐。有"阳"便有"阴"，住宅中难免有日光照射不到的地方。然而，若是不得已必须住在这样背阴的地方，也无须过于悲观。

并非只有直射日光这一种光线，阳光过强反而对身体不好。柔和的漫反射间接光以及透过百叶窗和树叶间缝隙漏进来的阳光非常柔美，即使是阴天，有时也会温柔地照射着人们和植物。有时候待在树荫下和绿荫处，会觉得心情非常舒畅，这是再好不过的了。即使是那令人讨厌的落日，若换个角度将其看成夕阳，也会觉得别有风情。

并且，太阳东升西落，阳光并非全部来自正南方向。而且根据季节和时间点的不同，阳光照射的角度也会发生变化。因此，即使基地条件并不好，但若考虑全面，巧妙利用周边环境，也能建造出舒适的住宅。否则，我们若被"采光要选择南边"这种固定观念束缚住，便会忽略掉基地本身所特有的趣味性。

假如在一个地理条件极具优势，并且绿化环境非常好的地带，建筑一栋向西侧开放的房子，便可以得到一个开阔的视野。然而，西边西晒给人的不好印象总是挥之不去。所以不妨换个角度思考——西晒也是夕阳，并且将它想象成美丽的日落，这样便极富韵味，于是便可将住宅面西而设。

在这样的房子里住下以后，便会发现西晒其实并没有想象中严重，因为只有在夏天的某些时刻才会西晒。而且在春秋两季，无论是在早上还是中午，住户都可以在西侧的阳台上欣赏到充满生机的美丽景色。

进一步说，建筑物面西而设，可将主卧安置在西侧，由此便无须抬高北侧建筑物的地基，这样北侧房屋便会相对较低，打在北侧相邻地块上的阴影也可缩至最小。如此为邻居着想的做法，对于长期维护邻里友好关系是非常重要的。

第二节 狭窄空间的有效利用方法

众所周知，房子本身是不会变大的。由于建房用地会受到建筑面积率和容积率等法律条件的限制，即使想要把房屋建得宽敞一些也有限度。

虽然无法将狭窄的空间变大，但我们依旧可以找到一些使居住起来感觉较宽敞的方法。以下所述内容可能会和之前讲述过的内容有所重复，故在此只列举几个要点。

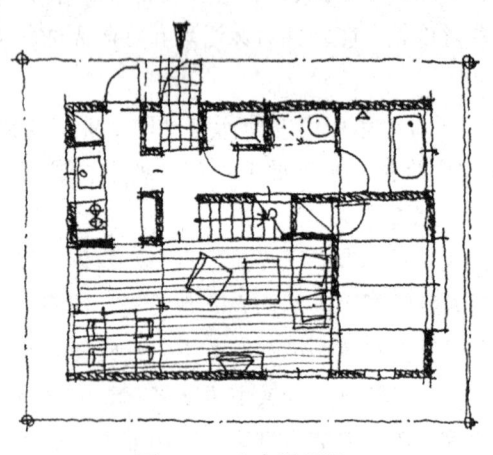

图 6-1 小户型设计

客厅、卧室、餐厅的空间——分隔开

一、压缩房间的面积

由于不可能将所有的房间都建得很宽敞，所以适当缩小一些房间的面积，这样可以集中扩大一个空间的面积。例如，节省玄关以及浴室、盥洗室等不太常用的空间，

第六章　增加室内空间的功能性与可变化性

将其面积压缩到最小，节省下来的面积用于建造最为重要的起居室。

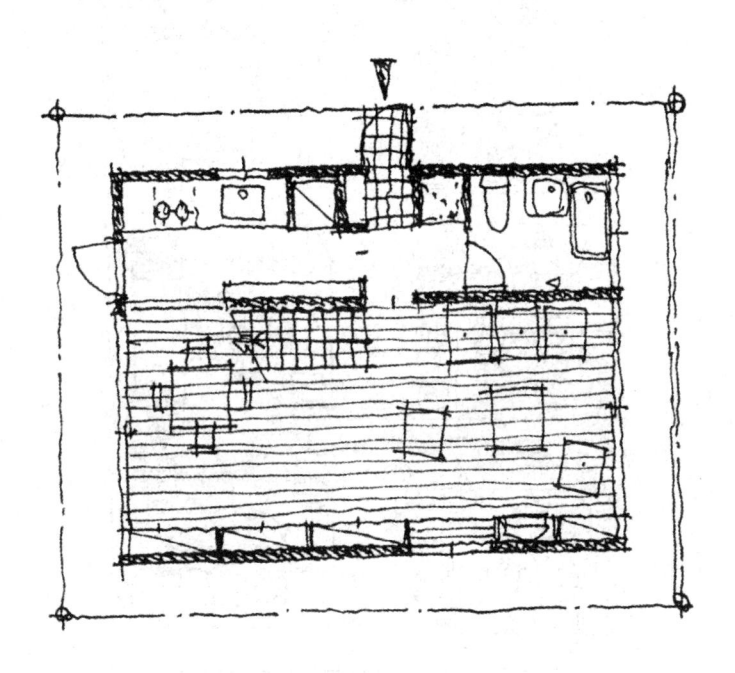

图 6-2　推荐设计

浴室等空间缩减到最小，同时取消客厅，
扩大起居室和餐厅的空间

二、避免房间过多

一个空间可以有多种用途。例如日本的和式房间，一个房间可以拥有多种功能。

欧美国家常根据房间的用途来给房间命名。如卧室（bedroom）、餐厅（dining room），但这样一来，房间的用途就会被限定。但在日本，有"座敷"（铺着席子的日式房间）、"板间"（铺地板的房间）等根据房间的布置来命名的情况，或者"六席间""八席间"等根据空间的大小来命名的房间。这并不限定房间的用途，而是为了使房间具有多元化的使用功能。对于日趋紧张的住房形势来说，日本现在使用的室内空间设计，确实是使空间得到有效合理利用的好方法。在住房面积日趋紧张和单身公寓日渐走俏的今天，日本的做法值得学习。

如图 6-3 所示，同一空间既可以当作客房，又可以是全家团圆时的活动空间，还可以是偶尔聚会时的餐厅。

143

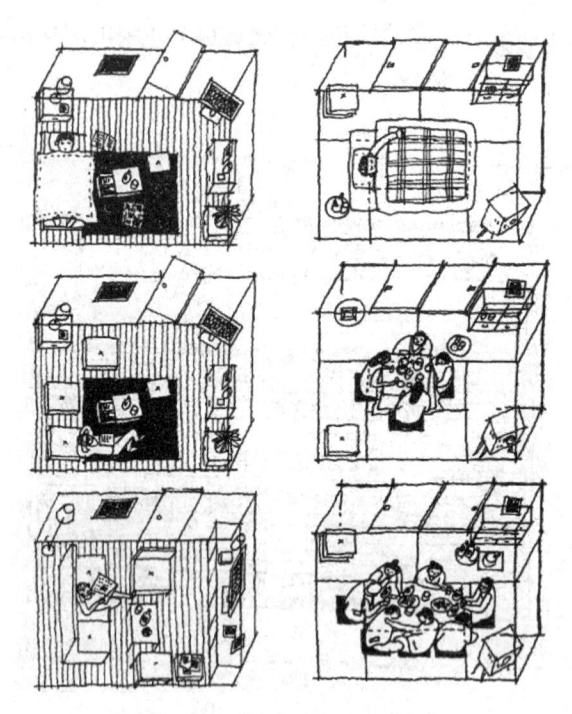

图 6-3　具有多功能用途的和式房间

三、家具的选择与陈设

(一)家具的类型

可用于住宅内的家具多种多样。

若按其使用功能来划分，有支撑类家具，指各种坐具、卧具，如凳、椅、床等；凭倚类家具，指各种带有操作台面的家具，如桌、台、茶几等；储藏类家具，指各种有储存或展示功能的家具，如箱柜、橱架等；装饰类家具，指陈设装饰品的开敞式家具，如博古架、隔断等。

若按其制作材料进行分类，可分为由实木与各种木质复合材料（如胶合板、纤维板、刨花板和细木工板等）所构成的木质家具，整体或主要部件用塑料（包括发泡塑料）加工而成的塑料家具，以竹条或藤条编制部件构成的竹藤家具，以金属管材、线材或板材为基材生产的金属家具，以玻璃为主要构件的玻璃家具，以各种皮革为主要面料的皮家具。

按结构特征分类，框式家具以榫接合为主要特点，木方通过榫接合构成难重框架，围合的板件附设于框架之上，一般一次性装配而成，不便拆装；板式家具以人造板构成板式部件,用连接件将板式部件接合装配而成家具,板式家具有可拆和不可拆之分;拆装式家具用各种连接件或插接结构组装而成,可以反复拆装;折叠家具能够折动使用并能叠放,便于携带、存放和运输;曲木家具由实木弯曲或多层单板胶合弯曲而成,具有造型别致、轻巧、美观的优点;壳体家具指整体或零件利用塑料或玻璃一次模压、浇注成型的家具,具有结构轻巧、形状新奇和新颖时尚的特点;悬浮家具是以高强度的塑料薄膜制成内囊,在囊内充入水或空气而形成的家具,新颖、有弹性、有趣味,但一经破裂则无法再使用;树根家具是以自然形态的树根、树枝、藤条等天然材料为原料,略加雕琢后经胶合、钉接、修整而成的家具。

还可以按风格特征进行分类。欧式古典家具中具有代表性的是欧洲文艺复兴时期、巴洛克时期、洛可可时期的家具,总的特点是精雕细刻。中式古典家具以明清时期的家具为代表,明式家具造型简单朴素、比例匀称、线条刚劲、高雅脱俗;清式家具化简朴为华贵,造型趋向复杂烦琐,形体厚重,富丽气派。再者是现代家具,现代家具以实用、经济和美观为特点,重视使用功能,造型简洁,结构合理,装饰较少,采用工业化生产,零部件标准且可以通用。

(二) 家具的功能

这些多种多样的家具器物,在使用功能上包括物质和精神两方面。

1.家具在物质功能方面的作用

实用是家具最主要的物质功能。

家具在室内空间主要有分隔空间、组织空间和填补空间的作用。设计师应依据空间的功能与特点对室内空间进行合理布置,使家具充分起到对空间的装饰和调整作用。

第一,分隔空间。随着框架结构建筑的普及,建筑内部的空间越来越大,越来越通透。住宅、办公空间、商业空间等都需要借用家具来进行划分,以替代原来墙的作用,这样既能让空间丰富通透,又满足了使用的功能,且增加了使用面积。例如,以大型衣柜、工艺架、书柜或屏风分隔的住宅空间;用文件柜、现代办公桌分隔的大空间办公室;商业空间利用展架分隔的购物环境。这种设计避免了原本墙体的局限,在造型上大大提高了空间的灵活性和利用率,同时丰富了建筑室内空间的造型。

第二,组织空间。对于任何一个建筑空间,其平面形式都是多种多样的。功能分区也是如此,用地面的变化、楼梯的变化以及顶棚的变化去组织空间必定是有限的,因此家具就成为组织空间的一种必不可少的手段。家具不仅能把大空间分隔成若干个小空间,还能把室内划分成相对独立的部分。在空间摆放不同形式的家具使空间既有区别,又有联系,在使用功能和视觉感受上形成有秩序的空间形式。在室内空间中,不同的家具组合，可以组成不同功能的空间。例如，同样的桌椅板凳既可以组成客厅，又可以组成餐厅；既可以用在住宅中，也可以被放置在商场或餐厅。并且随着信息时代的到来和智能化建筑的出现，现代家具设计师将创造出丰富多样的新空间。为了提高内部空间的灵活性，常常利用家具对空间进行二次组织。如利用组合柜与板、架家具来组织空间，用吧台、操作台、餐桌等家具来划分空间，从而使空间既独立又相互连接。

第三，填补空间。当一个人长时间观看一种颜色和一种灰度的东西时，眼睛会感到疲劳。人们对自然界五彩缤纷的颜色和形状的适应同人们对丰富的食物需求一样。家具不仅影响人的视觉，还会影响人的心理。家具在视觉上很大程度丰富了空间，它既是功能家具，也是一件观赏品，它可以使空间富有变化，增加空间的凝聚力和人情味。

2.家具在精神功能方面的作用

家具与人的关系很密切，家具的精神功能往往在不知不觉中表现出来，主要体现在以下三个方面。

第一，陶冶人们的审美情操。家具艺术与其他艺术既有共同点又有不同点，其不同点表现为家具与人们的生活关系十分密切。在现代室内环境中，人们能在接触家具的过程中自觉或不自觉地受到其艺术的感染和熏陶。同时，随着家具的演变，人们的审美情趣也会随之逐渐改变。所以家具与人们的审美情趣存在着互动的关系。当然，家具也能体现主人或设计师的审美情趣，因为家具的设计、选择和配置，能在很大程度上反映主人或设计师的文化修养、性格特征、职业特点和审美趣味。

第二，反映民族的文化传统。在室内住宅设计中，一般不可能将内部空间的各个界面做多样的装饰处理，所以体现室内环境地域性及民族性特征的任务就往往由家具与陈设来承担。家具可以体现民族风格，如英国巴洛克风格、古代埃及风格、印度古代风格、中国传统风格、日本古典风格等，在很大程度上就是指通过家具与陈设而表现出来的风格。此外，不同地区由于地理气候条件不同、生产生活方式不同、风俗习惯不同，家具的材料、做法和款式也不同，因此家具还可以体现地域风格。

第三，营造特定的环境气氛。室内空间的气氛和意境是由多种因素形成的，在这些因素中，家具有着不可忽视的作用。例如，竹子家具能给室内空间创造一种乡土气息和地方特色，使室内气氛质朴、自然、清新、秀雅；红木家具则给人以苍劲、古朴的感觉，使室内气氛高雅、华贵。

（三）室内家具配置的方法

在室内环境中选择和布置家具，首先应满足人们的使用要求；其次要使家具美观耐看，即需按照形式美的法则来选择家具，同时结合室内环境的总体要求与使用者的性格、习惯、爱好来考虑款式与风格；最后，还需了解家具的制作与安装工艺，以便在使用中能自由进行摆放与调整。其具体工作包括以下几个方面。

1. 确定家具的种类和数量

满足室内空间的使用要求是家具配置最根本的目标。在确定家具的种类和数量之前，首先必须了解室内空间场所的使用功能，包括使用者、用途、使用人数以及其他要求。例如，教室是授课的场所，必须要有讲台、课桌、座椅（凳）等基本家具，而课桌、座椅的数量则取决于该教室的学生人数，同时应满足桌椅之间的行距、排距等基本要求。另外，在一般房间中，如卧室、客房、门厅，则应适当控制家具的类型和数量，在满足基本功能要求的前提下，家具的布置宁少勿多、宁简勿繁，应尽量减少家具的种类和数量，留出较多的空地，以免给人留下拥挤不堪和杂乱无章的印象。

2. 选择家具的款式与风格

在选用家具款式时，应讲实效、求方便。讲实效就是要把适用放在第一位，使家具合用、耐用甚至多用，在住宅、旅馆、办公楼中表现为配套家具、组合家具、多用家具等；求方便就是要省时省力，旅馆客房就常把控制照明、音响、温度、窗帘的开关集中设在床头柜或床头屏板上，现代化的办公室也常常选用带有电子设备和卡片记录系统的办公桌。

另外，选择家具时，还必须考虑空间的性格。例如，为重要公共建筑的休息厅选择沙发等家具时，就应该考虑一定的气度，并使家具款式与环境气氛相适应；而交通建筑内的家具，如机场、车站的候机、候车大厅内的家具，则应考虑简洁大方、实用耐久，并便于清洁。

这里所说的风格主要指家具的基本特征，它是由造型、色彩、质地、装饰等多种因素决定的。由于家具的风格选择关系到整个室内空间的效果，因此必须仔细斟酌。家具的风格有很多种，主要有中国风格、古典风格、欧陆风格、乡土风格、东方风格、现代风格等。从设计来看，家具的风格、造型应有利于环境气氛的营造。例如，西餐厅内的家具，在风格与造型上就应选择与西式风格相适应的家具；若是乡土风格的室内空间，则可选竹藤或木质家具，否则就会显得与环境格格不入。

3. 确定家具布置的格局

在家具摆放的位置上，应结合空间的性质和特点，确立合理的家具类型和数量，根据家具的单一性或多样性，明确家具布置范围，达到功能分区合理的效果。家具在空间中的位置可分为以下四种。

其一，周边式。家具沿四周墙壁布置，留出中间空间位置。空间相对集中，易于组织交通，为举行其他活动提供较大的空间，便于布置中心陈设。

其二，岛式。将家具布置在室内中心部位，留出周边空间。强调家具的中心地位，显示其重要性和独立性，周边的交通活动不干扰和影响中心区。

其三，单边式。将家具集中在一边，留出另一边空间（常称为走道）。工作区与交通区截然分开，功能分区明确，干扰小。当交通线布置在房间的单边时，交通面积最为节约。

其四，走道式。将家具布置在室内两侧，中间留出走道。节约交通面积，但交通对两边都有干扰，一般客房活动人数少的，都这样布置。

相关联的，在家具摆放的格局方面，要符合形式美的法则，注意有主有次、有聚有散。空间较小时，宜聚不宜散；空间较大时，宜散不宜聚。家具布置的格局是指家具在室内空间配置时的构图问题，总的来说，陈设格局可以分为以下四大类。

第一类，规则式。规则式多表现为对称式，有明显的轴线，特点是严肃和庄重。因此，常用于会议厅、接待室和宴会厅，主要家具成圆形、方形、矩形或马蹄形。我国传统建筑中，对称布局最常见。以民居的堂屋为例，大多以八仙桌为中心，对称加置座椅，连墙上的中堂对联、桌子上的陈设也是对称的。

第二类，不规则式。不规则式的特点是不对称，没有明显的轴线，气氛自由、活泼、富于变化。因此，常用于休息室、起居室、活动室等。这种格局在现代建筑中最常见，因为它随和、新颖，更适合现代生活的要求。

第三类，集中式。集中式常用于功能比较单一、家具种类不多、房间面积较小的空间，组成单一的家具组合。比如，以室内空间中的设备或主要家具为中心，其他家具分散布置在其周围；或在起居室内以壁炉或组合装饰柜为中心布置家具，也可以以部分家具为中心来布置其他的家具。

第四类，分散式。分散式常用于功能多样、家具种类较多、房间面积较大的空间。根据功能和构图要求把主要家具分为若干组，不论采取何种形式，均应有主有次，层次分明，聚散相宜。

总而言之，为了在狭窄的空间内住得舒心，就要将复杂的生活方式尽量简化，并合理安排家具的数量和陈设位置，不要细分空间，而要灵活利用不够宽敞的空间。

第六章　增加室内空间的功能性与可变化性

第三节　儿童房的流动性要求

在想要有一套房子的人群中，三十岁和四十岁的人在各年龄层中占据绝大多数。到了这个年龄，无论是在社会地位还是经济上都已经稳定下来，这一时期已经可以清楚地看到家庭未来的蓝图。

试观这一年龄层的家庭成员构成，孩子们正处于初中、高中阶段的情况居多。并且，此时设计房子的动机约有 60% 是为了确保孩子们有学习的空间。

两居室加起居室、餐厅、厨房的房子无法为孩子提供一个安静学习的房间。

于是，家庭会议便就此展开。此时的孩子正处于自我意识很强的年纪，对自己房间的要求十分严格。所以父母做梦都想拥有的书房会首先被排除在外。

最后的结果往往是，儿童房位于最宽敞、环境最好的"东南角房间"。与此相对应，主卧就会被挤到北侧阳光无法照到的地方。

孩子们的直觉有时会超乎想象。虽然考虑孩子的想法非常重要，但是有时因为采纳了孩子心血来潮的念头，或者任性的意见而导致失败的例子也屡见不鲜。

房子要大到能够把朋友邀请到家中不失面子；要有音响声音放得再大也不会吵到外面的隔音墙；还有为了专心学习需要把门锁得死死的，等等。如果对于孩子的要求全盘接受，就可以建造一个宽敞气派的密室。

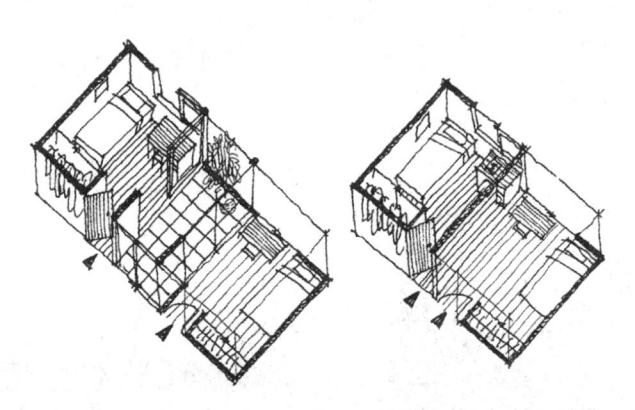

图 6-4　在狭窄的儿童房中隔出空间的方法

这样的环境对孩子是有利还是有弊，尚待讨论。不过根据最近的发展趋势来看，这么做未必能得到期望的结果。

但是，如果孩子们长时间不回家，父母就会把不使用的东西暂时放在儿童房里。久而久之，房间渐渐地被堆满杂物，甚至还会充满发霉的味道。如果房屋变成这样，孩子们也不愿意久住。如此一来，曾经花费巨大功夫建造的儿童房，就会沦为比东南角和任何地方都气派的储藏室。

经过十年的时间，孩子们都会长大成人，从家中独立出去。这时，儿童房就会变成闲置房间。但是父母们会把房间保留原样，当作偶尔回来的孩子们的房间，这就是所谓的父母心。

针对儿童房问题进行改良，其目的是保证即使在孩子们长大独立后，儿童房仍然可以居住，并且避免其沦为一个封闭密室。比如，从独立的两个儿童房中，分别腾出一定的空间设计成中庭。将这个空间夹在两个房间中间，作为两个人的共享空间。虽然两个房间都会变得相对狭窄，但中庭空间改善了采光以及通风条件，居住起来会更加舒适。孩子们也会因为有了中庭而建立不错的感情；或者各自跟自己的朋友在中庭读书聊天，也是一件乐事。并且，等孩子们离开家以后，还可以把中庭改造成梦寐以求的书房或是休闲室。

当代家具制造商明白，将孩子一起融入现代设计美学里是多么重要。遗憾的是，小孩子不能睡成人的床，因为他们自身的发育还不完善，需要特殊的家具来确保他们在深夜不会摔到混凝土地板上从而到导致骨折。为孩子寻找合适的床的困难在于，现代的床架基本都是为青少年设计的，它们往往是华丽而明亮的，颜色通常为可爱的粉红色或者神秘的蓝色。更糟糕的是，可能还覆盖着可怕的卡通人物。值得庆幸的是，现在的父母能够为孩子选择更为精致的、满足孩子情感需要的床了。下面将介绍几款儿童床和儿童房间的地毯，同样是安全性与流动性的双重体现，既符合儿童的年龄阶段，又便于打理和收拾。

图 6-5　Oeuf 的经典婴儿床　　　　图 6-6　Oeuf 的经典改变

第六章　增加室内空间的功能性与可变化性

布鲁克林的家具制造商 Oeuf（它在法语里的意思是"鸡蛋"，代表聪明）为儿童床的挑选提供了一个范例，以简单的木质结构的幼儿床、婴儿床为主，床的栏杆为白色，并以浅色的桦木床板为基底。将木制的围栏固定在侧面，配上双层的柔和白色，使得它看起来更加生动并成为焦点。当使用的时候，木床板像托盘一样放在婴儿床的框架上，不用的时候便于妥善收藏在床下。

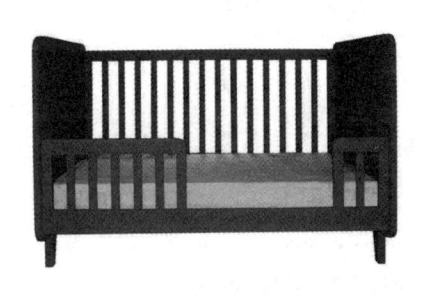

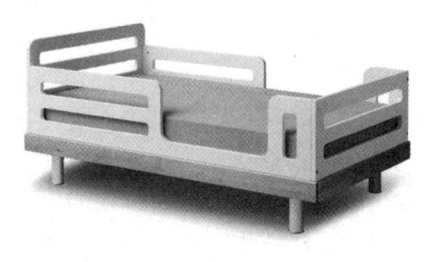

图 6-7

图 6-8

图 6-7 ~ 6-8 是 Oeuf 的两款经典蹒跚学步床，建议购买附带的有机床垫，因为那是很好的环保产品。

一个黑白的色板将会刺激孩子的感官并有助于大脑的发育。我们推荐将天花板漆成黑色，这样能在他平躺睡着的时候帮助孩子发挥无限的潜能，这比通常贴满卡通人物墙纸的幼儿房间好多了。

像 Flor 这样的制造商制造的地毯块给孩子们玩耍提供了很好的保护。它们不仅能防止小家伙从床上掉在水泥地上摔伤头部，并且它们很容易打包起来并塞进壁橱里。它们也可以用在房子的其他地方，用来防止孩子弄脏胶合板表面。

一般来说，很难找到合适的儿童衣架，一般的产品都不能很好地搭配且大部分都被色彩鲜艳的面料覆盖着。所以，Eames 挂钩可能是一个不错的选择。你不能让一个蹒跚学步的孩子的衣服全部挂在一个金属衣杆上。相反，你可以在当地寻找一个焊接工，请他使用氧化钢打造一个迷你衣架，再给孩子衣橱里的松木杆上添加一个工业化的边角。

图 6-9　Flor 色形各异的地毯设计

151

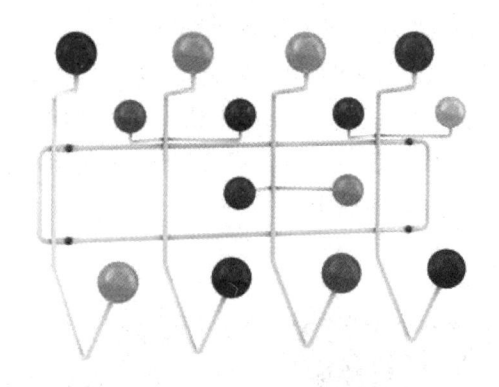

图 6-10　Eames 随意挂钩

第四节　非日常空间的设计

所谓非日常空间，就是自己与家人在平日里用不到的地方，比如客房和宠物角，但是住宅中又好像必须得有。为了解决这个问题，笔者在第四小节中为大家提供了一些比较实用的建议和设计法则。

一、客房

从决定要购买和装饰房屋的那一刻起，各种各样的生活场景会在脑子里走马观花似的闪现。在这些走马观花似的影像中，一定会有这样的场景——以前，曾经有一个突然到访的客人，客厅还没有来得及收拾就很不好意思地接待了他。那时候就想要是有接待室的话就好了。还有，丈夫的朋友们来拜访，结束的时候太晚了，并且酒喝多了些，需要留宿在家里。如果没有客房，而不得不委屈客人睡在客厅里，这样一来就显得对客人照顾不周。

此时最强烈的想法就是，一定要有接待室和客房！

或许有人有过类似这样在朋友家中留宿的经历。那个朋友家中虽然有客房，但是由于并不常用，感觉房间冷飕飕的。而且那时恰逢梅雨时节，房间有轻微霉臭味。站在苍白的电灯下，尤其感觉冷清，真后悔当时没有硬着头皮打车回家。或者是由于那个朋友家中没有客房，因此不得不睡在客厅的沙发床上。

总而言之，这是主人待客诚意的问题。如果主人对待客人热情周到，客人无论睡在什么样的地方都会觉得很舒服。

图 6-11　沙发床

折叠式的大沙发，客人来的时候可以当床使用

并不是说不能建造客房或者接待室，而是有必要建客房以及接待室的房屋，仅仅限于足够大的房子。毕竟如果因为建造了一个很少使用的房间而影响到日常生活的话，就是本末倒置了。所以，要考虑到客房和接待室等非日常空间的使用频率和建造的必要性。

界定日常和非日常这两个概念很难。根据家庭情况的不同，其定义也会有所不同。在有限的条件下，很难设计一个面面俱到的房子。事实上，考虑到将来的事情固然重要，但将来的情况未必会如预料的那样发展。所以，首先应该解决当下确确实实存在的问题，对于尚不能确定的将来的状况，最好留到日后再解决。

是仅仅为了一天，而使得剩余的三百六十四天都过得不自在，还是每一天都认真地度过，且过得悠闲充实？这个选择恐怕并不难。

二、可爱宠物的乐活窝

狗与人类一起生活的历史不少于一万五千年，它们帮助我们的祖先狩猎及帮助人类取暖，并且能保护我们免受其他捕食者的威胁。花费时间去了解另一个种类的生物是值得的，因为没有比狗更能辨识人类行为的动物了。第一个狗狗秀于19世纪晚期在英国举行，从那时起，不同品种的狗从单纯的工人阶级驯养的宠物变成了各阶层身份地位的象征。如今，人类最好的朋友——狗，应作为家庭成员在装修设计中被考虑进来。

另外，饲养猫咪是一个很大的挑战，因为它们只按照自己的规则来行事，并且在城市里饲养它们时不容易被带出去做展示。有一项科学研究表明，饲养猫与狗的主人是存在区别的：无论性别，一般养猫的主人比较神经质，养狗的主人比较爱社交并且为人随和。显然，通过手术去除猫咪的趾甲是不人道的，所以只能依靠主人在家装时多用混凝土和钢铁结构来降低饲养猫咪的风险。因为即使是一个小猫咪，也能非常容易地将一款老式的沙发抓成碎片。不同于猫咪的是，狗可以被训练得遵守规矩，做到不破坏家具。

猫和狗都需要专门的供它们睡觉的地方。为了保证它们的床和房屋整体的设计风格一致，笔者整理了有特色的宠物商店和商品来帮助你寻找到更卓越、优良设计的产品。这些宠物用床能够保证在服务好宠物的同时，又不会破坏主人想要表现的整体风格。

图6-12　猫咪的豌豆荚睡床

Fatboy狗用卧榻。芬兰设计师尤卡·塞塔拉（Jukka Setaia）首创了Fatboy用于现代狗狗的豆袋椅（以小球粒填充的）。该品牌已经将产品扩展到了吊床和狗狗床。这款狗用卧榻是用聚苯乙烯球填充的，所以非常容易擦干净。另外，它还提供经典的玛丽梅科（Marimekko）样式的产品，成为芬兰最著名的个人时尚和家居用品公司。

Kittypod猫咪的豌豆荚睡床。这款外部有波纹的纸碗样的睡床坐落在一个四条腿的X型交叉基底上。艺术家伊丽莎白·佩奇（Elizabeth Paige）为她的猫咪西蒙设计制作了这款既可以作为睡床，又可以作为猫爬架的产品。如今她在加利福尼亚州将她的设计转化成了一门成功的生意。

第六章　增加室内空间的功能性与可变化性

第五节　日常参与到非日常

"若能一边看着星星一边洗着澡该有多好呀！"如果可以那样生活，无论是谁，都一定会觉得很幸福。

的确，在山中温泉的露天浴池里仰望着满天繁星，这景致确实令人难以忘怀。此情此景中，一颗颗又大又亮的星星会让人满怀感动。曾经远在天边的东西，现在却仿佛触手可及。像这样在露天浴池里，享受着身心的放松，别有一番滋味，这真是无上的幸福。

图 6-13　观光旅游山庄中的露天浴池

相信每个人都会想，如果每天都能够享受这样的幸福，该有多好啊！如果要在那里建房，一定要建一个可以看见星星的浴室。

但结果却是，虽然建好了，实际上却一次也没有看见过星星。这也是正常的，因为即使修建了天窗，看见星星的机会也不多。毕竟不是每天晚上都会是晴朗的夜空。最重要的是，如果浴室里打开照明设备，可能就看不见漆黑夜空中的星星。此外，就算关掉照明设备，天窗上的玻璃也会因为水蒸气而变得模糊不清，从而看不见星星。

虽然白日里，从天窗照进来的灿烂阳光会使沐浴变得舒心。但是也不能总在白天洗澡，最初的新鲜感很快就会消失，不久就会产生厌倦感了。

即使看见了星星，在都市受过污染的空气中看到的微弱的星光，也和在那个露天浴池看到的星空无法相提并论。

图6-14 采光完美，且有可能会看到星星的非日常需求设计

无论是星空还是温泉，只是因为处于山中才具有价值。若专门前往那些地方去感受实际氛围，也是不错的体验。但如果轻而易举就能得到星空、温泉，那么其价值就会小很多。深山露天浴的意义，需处于瑟瑟寒气的夜空下才能体会。

为了看到清澈夜空中的星星，即使露天浴场在很远的地方，也特地前往山中，这样看到的星星的光辉会更加美丽。

不是每天都是节日。正因为日常生活平淡，节日才会显得格外突出而令人期待。

非日常性的优点，如果将其日常化，它的特殊意义就会消失。

第六节 综合考虑事物外表与内涵

现在的社会治安情况不容乐观，所以现在的新建住宅都会安装卷帘防盗门窗。为了方便平时正常使用，越来越多的住宅还安装了电动开关装置。

但是，不管在哪里，对现在的人来说，与其相信钥匙所带来的安全感，还不如将安全问题托付给嘎嘎作响的"坚盔利甲"，因为它更能让人感觉到当今社会这种密不透风的安全感。

的确，从确保生命财产安全的角度来说，这样做也无可厚非。而且它还具备诸多优点，例如，提升冷暖空调的工作效率。如果我们都这么想，表面上看也没什么大问题。但是如果换一个角度思考，你就会发现不一样的事实。

有人曾在几十年前到一位意大利朋友的家中做客，虽然当时的社会格局和如今的现状有所不同，但此人还是对朋友家无处不在的各种锁具深表震惊。由此可以看出，当时的治安并不是很好。但与防盗相比，此人的朋友更担心别的事情。原来他最担心

第六章 增加室内空间的功能性与可变化性

的并不是来自外部的盗贼，而是来自室内的问题。也就是发生火灾或地震等灾害时，如何避难的问题。

如果在深夜的一片漆黑中，由于某些事故或者灾害，导致了火灾的发生。当人们意识到发生火灾的时候，房间里已经充满了烟雾。慌忙中想要打开门锁，脑子却一片混乱。在这种无法预料到的紧急情况下产生惊慌失措，呼吸也变得急促。此时，一分钟的呼吸也无法停止，其后果自然不必说。另外，如果是地震，房屋如果稍有倾斜就很难打开百叶窗。更不必说电动式的卷帘门，遇到灾害的时候一旦停电，就会造成很严重的后果。所以，他担心的是避难的问题。

"不会被闯入"必然同时伴随着紧急时刻"难以避难"的问题。这不仅仅是防盗的问题，可以说是关系到整个建筑的问题。

例如，大家都想住在有大窗户的房子里。春天时阳光洒满房间，这是在杂志和宣传册上经常看到的景致。在这样悠闲舒适的暖阳中睡个午觉，一定会舒服得无法言喻。

图 6-15 装有大窗户的空间

看着虽然舒服，但是会出现隐私难以保障和热载荷过大的问题，因此还得装上窗帘和隔离，增加了成本。因此，窗户并不是"越大越好"，仔细考虑之后，又会发现很多问题。

首先是个人隐私的问题。前面的人家可以清清楚楚地看到室内的全貌。虽然可以用窗帘和百叶窗来解决，但如果总是拉着窗帘，大窗户就没有意义了。其次，会发生暖气效果变差的问题。虽然可以用双层中空玻璃来解决，但这可能会增加成本。最后，还有个大难题，那就是玻璃的清扫工作也会很麻烦！花了大手笔买来的玻璃，稍有污垢，功夫就白费了，因此需要经常打扫。这是一项十分劳累的工作，因此不得不放弃使用大窗户，而选择大小适中的窗户。

出于打扫麻烦，不再使用可使阳光充分照射进房间的大窗户；或者为了获得充足的阳光而不厌其烦地打扫。具体选择哪一种方案，只能看住户自己的偏好了。

就防盗门和大玻璃窗来说，其外表和内涵都是我们在进行室内设计时需要考虑的两面性特征，无论选择哪一边都无所谓对与错，只是考虑到另一面才不会在日后长久的生活中出现混乱。

第七章　不追求太过便利的住宅设计

在日常生活中，虽然时刻紧绷的神经会让我们感觉很累，但即便是无聊散漫的时候，内心的某个角落也总是希望能够凛然面对一切。如果身体和心灵总是处于松弛的状态，会让人觉得厌恶。住宅也是如此，如果一味求方便，便会沦为无趣。

第一节　享受不便

一、享受大于便利的住宅

单身公寓很小，而且很多非住在单身公寓的人也在抱怨家小。不过笔者认为，住宅并非只要大就是好的，自在就好。

笔者认为，世界上没有哪个房屋住起来是绝对舒服的，好不好是由居住者自己的想法决定的。就像人一样，无论是谁都会有缺点，房子亦如此。无论是人还是房子，都有其好的地方。如果全部都否定的话，无论是人还是房子，都太无辜了。

总之，选择与房子相符的居住方式就好。如果居住起来有不方便的地方，就要靠人来完善它。

如同"善书者不择笔"一样，"会住的人家不会挑剔房子"。也就是说，和工具的使用一样，再难用的工具，熟练了也就好用了。同理，根据房子的形状以及规模来安排生活便可以了。

手艺好的工匠虽然也有好的工具，但不好的工具也可以运用自如，做出好作品。他们从来不会抱怨工具不好。

试想一下，如果我们住在高级公寓、普通公寓或预售房内，必定要根据其房间布局而改变居住的方式。就像前面所说的，这个世界上并不存在完美的房子，因此当然也不会有满意这回事。

仔细想想就会发现，一种能够满足所有的居住需求和功能，并且适应任何季节变化的房子，其实根本不存在。因为这本身就已经超越了建筑的界限。

以一个住宅功能并不完善的小房子为例，屋主在其中设置了一个奢华的空置房间和一个未完成的阳台。因此，他每天都可以享受到多种多样的生活，将来还可以按照自己的想法来改造房间。屋主表示，这种乐趣是那种只求便利的住宅所无法获得的，并将这样的住宅称为"勉勉强强可以忍受的住宅"。因为虽然绝对不"轻松"，但享受"不方便"也是一种低调美学。

二、太过便利了就叫作偷懒

做家务在过去是体力活。"过去"表示过去的事情，现在已不复存在了。现代社会文明中产生的电气化产品——全自动式的干洗机、自动洗碗机等，将人们从繁重的家务劳动中解放了出来。

住宅的逐渐电气化使人们从繁重的劳动中解放出来是一件极好的事情。如此人们便可以更加有效地利用空闲时间，做更有意义的事情。

但是现在，人们对于住宅的要求已经不仅仅满足于便利了，而是提出了更高的要求：不用动便可以拿到物品的便利性；不打扫卫生也无妨的便利性；不用保养也无妨的便利性；只需按一下开关的便利性……

"便利"已经成为现代住宅建造的关键词。根据一项问卷调查，家庭主妇们理想中的住宅，是不用打扫整理的房子。

但是，现在人们追求的"便利"真的都在功能性、便利性的范围之内吗？这是一个容易引起争议的问题。难道只有笔者认为，刚才所列举的所谓"便利"的例子，已经超过便利的程度而达到了"懒惰"的程度吗？

退一步来看，这样虽然很便利，但如果进一步思考，就会发现所有的工作都必须要依赖机器和能源。就像刚才所说的那样，会造成能源的过度消费，这与地球的环保问题密切相关。

无论是生活还是居住，都不单纯是为了享受身体上的乐趣。锻炼身体有利于身心健康，大扫除中还可以学到很多东西，甚至会发现房屋的受损情况。而且，大扫除过后的舒畅感，对于精神健康也是有利的。

我们确实应该享受生活。但是，过于便利会造成懒惰，从而导致运动不足，影响到身体健康。

适当的便利叫作功能性，良好的功能性可以使房子得到美化。厨房作为主妇的城堡，使其具有合理的功能性这一点谁都不会有异议。

第七章 不追求太过便利的住宅设计

装备有高功能性豪华设备的房屋及厨房，会使人的智慧无法介入到日常生活中。彼此心意相通的慢生活情调的厨房及餐厅会更好。

第二节　适度追求住宅功能

国外一位著名室内设计师曾说过："设计一把座椅比设计一座摩天大楼更有难度。"如果以普通住户的身份来说，这句话应该是"采购一把合适的座椅比设计一座摩天大楼更难"。

除去表面材料和屋顶轮廓线，座椅的设计与选择对现代建筑结构完整性的意义是十分重要的。座椅是房屋主人品位的最佳体现者。比如，选择郁金香座椅的人能够和一个选择幽灵座椅的人住在一起吗？通俗点说，一个素食主义者会穿皮草吗？一个不喜欢户外运动的人会饲养金毛猎犬吗？

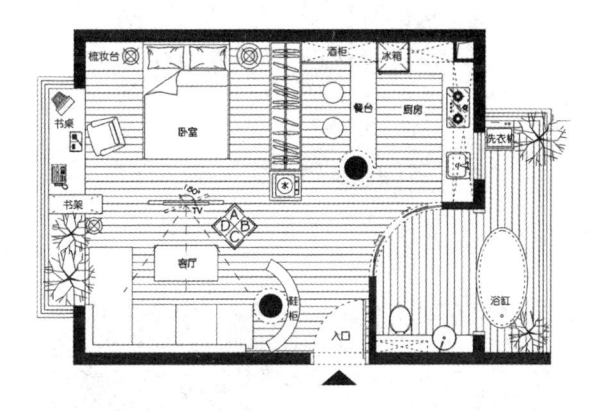

图 7-1　以电视和衣柜做简单的区域分割，确保功能和空间的效果

与配件及装饰物品不同，现代家居中绝对不能有太多的座椅，并且它们应该由适合的设计师来设计。实际上，大多数座椅并不是现代家庭中人们真正习惯久坐的。相反，它们大多如雕塑一般成为摆设。

当提到四条腿的、S 形的或"之"字形形状时，人们自然就会想到座椅。座椅的不同首先体现在造型上，可是造型也不仅仅只为美观或区别，更重要的是适用于不同的人群和场合。

美国著名创意设计师埃罗曾说："当设计一件物品时，总是要把它放到下一个更大的背景中考虑——一把椅子是在一个房间里，一个房间是在一座房子里，一座房子

161

是在一种环境里，而环境是在城市的整体规划里。"所以在选择了适合自己的座椅后，还需要根据房屋装修风格进行一定调整，并控制数量，确定如何摆放。

在卧室里，一般座椅应该摆放在正对着床的远远的角落里（如图 7-2）；如果希望达到一种随意的效果，一般在餐桌周围摆放一圈各种类型的古典座椅；如果是为了达到一种严谨的审美效果，一般要在餐桌的两边整齐地摆放有棱角的座椅，两头不摆放椅子（如图 7-3）。

图 7-2 卧室角落里的座椅

图 7-3 餐桌两旁棱角分明且美观大方的座椅

第七章 不追求太过便利的住宅设计

第三节 入住"名宅"

有个词叫"功能美",意思是只要能够充分发挥出工具的功能,就能将它的形态美展现得淋漓尽致。这个原则似乎也适用于住宅方面,但事实上并不能就此断言。

对于建筑,如果过度在意它的实用性,就容易使外形欠缺美感。还有很多建筑空间结构虽美,却没有与之相应的实用性。

图7-4 中国台湾时尚风格的住宅设计

有的人不需要美感,只想要一个生活起来轻松舒适的家;而有些人则无法忍受难看的房子,想尽办法要住进漂亮大气的房子。人们很难判定这两种想法哪个更好,因为无论哪个都代表了一种价值观和思考方式。

国内外有一些被称为杰出建筑的住宅。建筑师在设计住宅时,研究参考这些"名宅"也不失为一个好方法。

随和不拘小节是男主人给设计师的印象,爱美善于打扮是女主人的爱好,以空间感来衬托男主人的风格,时尚感就交由饰品来完成吧!这是设计师对该案例的初步想法。客厅与餐厅的交界处,为了修饰大梁,选择了休闲感及延伸感较好的斜面延伸相接。沙发的选择也并非一般传统的L形或者"一"字形,而是不受拘束的大V字形,整体上衬托了不拘小节而舒适的空间。软件饰品的部分,以窗帘作为整体的精神颜色,带点时尚感的质感,但考虑到色彩明度的关系,因此不会让它太过于抢眼。其余饰品的颜色皆以明度不太高的丰富色彩去点缀。

图 7-5　匈牙利一分三小型公寓

如今，随着年轻人和毕业生需求的增加，小型公寓在房地产市场中占据了重要位置，而这一趋势也成了设计的指导原则。设计目标是创造一个功能完善的微型社区，让其中的成员可以享受方便舒适的生活。入口位于 L 形平面的重心处，一个宽敞的门厅方便地连接了三个空间。房间的平面根据环境的不同而发生变化，相同之处是每个房间都拥有一条扩展走廊，在标出附加区域边界的同时，使空间更加便于使用。为了强调不同空间各自的特征，设计师为它们赋予了属于自己的鲜艳色彩。

图 7-6　上海静安府样板间　　　　图 7-7　香奈儿风格的公寓

在整体设计中，设计师运用不同质感的元素，打造了一个时尚、现代、摩登的轻奢主义空间。简约时尚的金属线条在静安府的设计中随处可见，设计师希望用点睛之笔，创造出一个完美的室内空间。

第七章 不追求太过便利的住宅设计

如果追溯到 20 世纪 80 年代，这栋建筑应该是该城市中的第一座阁楼公寓，但现在它亟待改造以适应新世纪的需求。设计师通过简约、冷静、干净的设计方式，以及白色、米色、灰色和棕色色彩间的碰撞，让公寓展现出清新现代且优雅的外观。

图 7-8 瑞典清新风格的公寓

家应该是生活中带给我们最多幸福感的地方。从打开家门的那一刻起，心情瞬间轻松愉悦，外面世界充斥着的压力和烦闷工作，就跟着甩掉的鞋子、乱丢的包包一起抛到九霄云外吧！这间由瑞典租售公司 Be here&Partners 所刊登的公寓，便是在创造这样一个带给居住者幸福情境的空间。整个空间使用大量白色与木地板烘托，属于经典北欧风格；天花板挑高更显场域通透性。看完后你是否也不自觉在心中选定一个角落坐下来放空自己了呢？

图 7-9 新东方风格的住宅　　图 7-10 新东方风格住宅二楼的餐厨空间

从职场上退休的屋主夫妇，以这所房屋作为夫妻俩与母亲及两个孩子的生活居所。女主人一直向往着美式乡村风格的生活情调，并钟情美国经典家饰品牌，等到退休放下工作的重担后，终于有时间好好找设计师打造梦想中的居家空间。美式风格空间重视公私分明的层次感，以及左右对称的稳重格局。因此，在动线上会呈现出以廊道引导逐层

165

递进的明确格局；而且公共空间中还会细分出接待访客的区域与专属家庭活动的家庭起居室。这都是与华人的生活空间颇为相同之处。

　　隐身在一片树海绿意之间的 150 坪二层楼别墅，是适合爷爷奶奶、父母和儿子媳妇三代的居所。对美感要求很高的屋主，期望拥有宽敞透亮的空间氛围，并需将屋主所搜藏的古珍艺品和中式家具，融入新家的装修设计中。跳脱了对于传统中式风格的刻板印象，设计师结合简约现代的设计理念，营造出清爽、舒适的住宅质感。一楼客厅处以大面积落地窗收揽整片街景和绿意，并安装电动卷帘，随时可以依需求调整光源强弱。而雕花精致的中式桌椅，作为空间中的主视觉所在，凝练为细腻醇厚的古朴氛围。沿着阶梯走上二楼，来到一家人的餐厨空间，同样具有优渥的采光和绿意景致，利用开放式的设计，随处皆能感受到舒适的自然温度。起居室和卧室以木质调和藕灰色作为温和基调，再加上简约大方的收纳橱柜、更衣室等设计，充满实用机能性。

　　水塔上的家，住着爷爷奶奶二人与孙女，这家人改造后最大的心愿是儿子儿媳也同住在此。上海老城厢上空的家，39 坪承纳着一家人衣、住、吃、行的所有活动。这次改造不是一次室内装修的升级，而是对原来无序混乱的居住功能和空间的重新组织规划。设计师在原有的两层空间中增加了一个夹层，看似挤压了原有空间，但是因为这个错层，每个不同功能的房间实际上变得疏离。从一个房间到另一个房间都要经过一段不短的"跋涉"。

图 7-11　上海水塔住宅的改造　　　　图 7-12　瑞典白色淡雅的住宅

　　这是一栋建于 20 世纪 40 年代的建筑，原先是一座废弃的工厂，现任屋主买下这里后聘请设计师为其改造。旧工厂的巨大窗户被保留了下来，重新粉刷成白色调后，带来明媚自然的光线，通过窗户还可以欣赏到不远处的喧嚣海岸。整个空间以纯净的

第七章 不追求太过便利的住宅设计

白色调与淡雅的灰色调进行搭配，营造出柔和温润的生活气息。质地柔软的转角沙发与毛绒地毯，增添了舒适度。墙面上的装饰画通过统一的风格与色彩避免了杂乱感，经典的吊灯与生机勃勃的绿植互相映衬，将生活气息与艺术的美感完美结合起来。开放式的布局使得功能区的连接更为紧密，光线与空气也可以直达空间底部。

国外的许多购房者不仅掌握住宅方面的知识，也了解建筑方面的知识。他们了解建筑的一些基本知识，如建筑、环境、传统、文化等概念。不仅如此，他们还了解建筑师的职能，不认为建筑师仅用技术手段将自己的愿望实现就可以了，他们期待着建筑师的建议、创意以及想法。

仔细分析以上那些被称为杰作的住宅就能发现，它们的共同点是具备了作为居所的所有条件，并且有着鲜明的概念。

有着大量预算的豪宅并不一定就是好的居所。因此，很多杰出建筑反而是那些空间有限、只能最低限度实现居住者愿望的小型住宅。

例如，近代建筑三大巨匠之一的密斯·凡德罗为女医生范斯沃斯设计的别墅（如图 7-13 ~ 图 7-16 所示）。

图 7-13 范斯沃斯住宅实际效果图一
整体采用钢结构，外围是玻璃，地板由石灰华制成

图 7-14 范斯沃斯住宅实际效果图二
房屋中心部分聚集着浴室和厨房等需要用水的地方

图 7-15 范斯沃斯住宅内部图

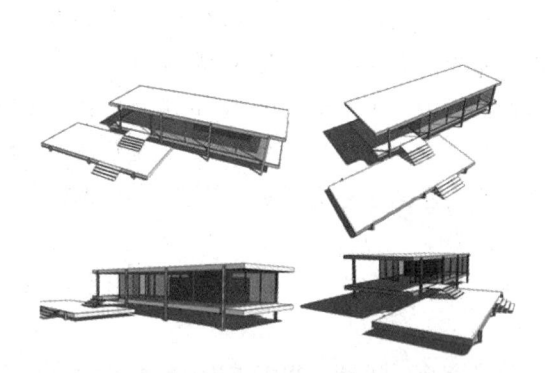

图7-16 范斯沃斯住宅设计概念图　　图7-17 美国纽约的西格拉姆大厦

这座面积不到200平方米的建筑物在建筑史上名气很大。因为这座小屋是第一个用玻璃做幕墙的房子，建成后晶莹夺目，艳丽非凡，仿若一座"水晶宫"。可惜，这种玻璃透明有余，隔热不行，从之前女医生的家居照里也可以看出，报纸被贴在玻璃上用来遮挡视线，夏天的骄阳晒得女医生热汗淋漓，冬天的寒气又透过玻璃冻得她直打寒战，晴天强烈的阳光刺得她目眩难忍，不久就生起病来。这样透明的房子确实会给独身女性造成不便，而造价却比原计划超出了85%，所以她向法院提出控诉。站在被告席上的密斯不得不为自己的想法尽力辩解。在座的听众都被他那滔滔不绝的精彩陈述所感染："……当我们徘徊于古老传统时，我们将永远不能超出那古老的框子。特别是在物质高度发展和城市繁荣的今天，就会对房子有较高的要求，特别是空间的结构和用材的选择。第一个要求就是把建筑物的功能作为建筑物设计的出发点，空间内部的开放和灵活性，这对现代人的工作学习和生活就会变得非常重要……这座房子有如此多的缺点，我只能说声对不起了，愿承担一切损失。"众人被他诚实的态度感动了，特别是这位医生，最后她主动要求撤回起诉，这场官司就这样不了了之。

女医生最终还是无法住在这样的空间里，于是放弃了别墅。所幸别墅现在的主人接手了别墅，改装一番后，又完美地重现了别墅昔日的风采。

因为这座住宅引发的风波，再没有人敢冒这样大的风险来请密斯，因为人们不需要可看不可"往"的房子。但不甘失败的密斯，在下了一番苦功后，终于找到了一种染色玻璃来代替原来的无色玻璃。经过一番努力和宣传，1952年，他终于再次设计和建造了一幢38层的玻璃幕墙高层大厦——美国纽约的西格拉姆大厦。

第七章 不追求太过便利的住宅设计

由此可知，在建造居所的时候，最好事先查阅几个像这样被称作杰出住宅的资料。看着这些住宅你或许会产生不同的想法：心潮澎湃地想住进去，或者不想住进去。而这样不同的想法会让你决定是要建造一个住宅，还是买一个。

第四节 对于维修和工业废弃物的态度

从最基本的层面上看，我们的家于外部环境中保护了我们。事实上，我们也有责任保护环境。我们的家会消耗许多化石燃料，排出比高油耗汽车更多的有害气体。例如，每个家庭平均每年会排放一万升的二氧化碳气体，相比之下，一台小型轿车每年大约排放一千磅的二氧化碳气体。虽然供暖和冷却系统是使人舒适的不可或缺的条件，创建了一个温带气候一般的舒适的室内环境，但同时也给自然界带来了负面的影响。所以必须选择环保的替代品，如光伏电池板和太阳能制冷产品。

日本因受特殊的地理位置和面积影响，而在建筑上拥有多种多样的建筑材料。这些建材无论是原材料还是颜色，都是多样的。尤其日本人还十分喜欢以"新"字开头的建材。

图7-18 木质露台效果图

虽然天然的材料需要进行维修，但对大自然是无害的

图7-19 由木板铺成的浴室

木质建材环保，不刺激皮肤

这或许是经济和技术发达的象征，但是选择如此之多，在某一方面会引起一种混乱。这种混乱直接表现在日本的街道景观上。多种建材对住宅的外观造成了一定的影

响，最终形成了混乱、风格不一的街道和住宅区。

这样的建材和原材料的性能自然是十分卓越的。其中最具代表性的建材是铝制框架。其耐久性和性能自不必说，几乎所有的日本住宅门窗都是铝制门窗。

墙壁材料也是如此。金属和水泥类建材拥有十分优秀的耐久性、防火性以及绝热性。且随着研究开发的不断进步，其防锈和防污等性能也得到了提高。因此，墙壁的清扫和重刷频率也骤然降低了，这就是"免维修"产生的缘由。但"免维修"也有缺点，即它无法让我们一直高兴下去。

对居住者来说，因为不需要任何维修，所以是经济实惠的，而且会很轻松。这似乎没有什么问题。但仔细想想，耐久、耐火、耐腐蚀等性能越高，也就意味着这些建材一旦完成了自己的使命，变得不再有用的时候，就成了难以处理的工业废弃物，即这些建材最终会成为威胁我们子孙后代并影响全球环境的垃圾。

而且，将这些垃圾回收利用，需要更多的能源。这样的能源消耗，显然会给地球环境带来不小的影响。

的确，我们凭借着免维修的便利，或许减少了劳动量。但是我们应该明白，今天享受了多少便利，日后就会给子孙后代带来相应量的不便。建造一个具有耐久性的住宅是很重要的。但是，若将目光放长远些来考虑免维修建材，就会发现它的耐久性正是不能使我们一直满意的原因。

很多更先进的现代主义者早就超越了太阳能电池板的阶段，开始安装雨水收集器、在屋顶安装风力涡轮机等设备，或租用一群山羊来修剪草坪和灌木。当然，维持这些是十分昂贵的。如果你负担不起涡轮机或者中水系统，那么至少学习下相关的词汇及安装使用过程以便与权威专家讨论相关话题的时候有话可聊。

即使你不能做得像个专家，那么也应该说得像个专家似的。在这里你可以找到在一般谈话中能运用到的一些词汇和术语。正如作用力与反作用力一样，想要保持领先必须曲线前进，并且要学习生态方面的理论知识。这样你就能滔滔不绝地讲述如何进行"绿色环保"运动了。

C2C——从摇篮到摇篮。这是一个产品从生产到消除的可持续循环系统。一些地毯和组装家具都涉及摇篮到摇篮（C2C）的系统，当然也包括包装材料。为了弥补资源的耗竭，过去虽然喊出"Reduce、Reuse、Recyle"的口号，但没有从源头设计改变起，有毒物质依然在排放；且现有节能及回收的策略，只能使产品的生命周期延长或降级使用，减少能资源消耗，但能资源终究走向坟墓的结局。为此，布朗嘉教授开始推广从摇篮到摇篮（Cradle to Cradle）的概念，向大自然学习，所有东西皆为养分，皆可回归自然。从"养分管理"观念出发，从产品设计之初就仔细构想产品结局，让

第七章　不追求太过便利的住宅设计

物质得以不断循环。从摇篮到摇篮可分成两种循环系统，即生态循环和工业循环。生态循环的产品由生物可分解的原料制成，最后回到生态循环提供养分；工业循环的产品材料则持续回到工业循环，将可再利用的材质同等级或升级回收，再制成新的产品。从摇篮到摇篮的理念评估现有产品及流程，以无毒原料以及洁净能源、节水的流程取代对环境有害、耗能、耗水的原料及流程，并妥善规划回收渠道，使产品供应链、产品本身及回收再利用方式皆对环境友善。

能源之星。这是美国能源部和美国环保署共同推行的一项政府计划，旨在更好地保护生存环境，节约能源。1992年由美国环保署参与，最早在电脑产品上推广。现在纳入此认证范围的产品已达30多类，如家用电器、制热（制冷）设备、电子产品、照明产品等。目前在中国市场上做得最多的是照明产品，包括LED光源、节能灯（CFL）、灯具（RLF）、交通信号灯和出口指示灯。这是一个由美国政府带头开发的程序，根据能源使用情况来给几乎所有物品定级，从灯泡到洗衣机。但讽刺的是，这种等级评定基本上是毫无意义的，因为它是依据生产企业自身所做的能源节能报告得出的结论。

森林管理委员会认证。森林管理委员会的简称是FSC，它是一个给所有木材评定等级的机构，可以找到很多经过FSC认证的木材产品，如屋面板瓦和家具。就像"能源之星"一样，反对者指出，实际上许多考核评定的董事会成员是一些生产公司的所有者，如果从这个角度来说，这个认证存在的必要性也不大。

"扁平封装"指的是家具及其他物品到达"准备装配"状态或封装成扁平形状。其指导思想是减少运输产品的包装，所以通常是家具制造和分销公司最好的分装方式。想象一下，如果桌子直接被运送，与拆散分装的数量，会有多大差别。

地热是一种热源，是依赖地球表面下存在的能量，它被认为是100%可再生的。这种能源通过铺设在地下的高密度聚乙烯线圈收集，然后再传导到地上，之后可用于给热水器加热及给其他系统提供能量。

绿色环保。在这里，"绿色环保"这个词代表任何与环保相关的产品。它经常被市场人员任意地使用，一个产品只要与循环再利用有一点儿关系，都会被吹嘘并冠以"绿色环保"的头衔。如可以将一个用可循环再利用的塑料容器罐装的化学杀虫剂称为"绿色环保产品"。就确定性而言，"可持续使用"替代"绿色环保"更为合适。

中水。洗衣服、洗澡的废水可以回收用来灌溉草坪、冲洗混凝土院子以及冲洗交通工具。它可以是不清洁的，但是，这取决于一个人的卫浴习惯。例如，淋浴浪费水的人。中水可以用一个单独的管道系统来收集废水并立即用于灌溉。如果将它储存在水箱里，那么就需要投资一套设备用于处理中水中的微生物细菌。

水力发电。它是借助水流的运动产生的能量。为了利用水力为家里发电，你需要想办法让水流动起来。山坡地区是最好的选择，因此一部分汹涌的水流会被转移用于带动涡轮机，从而让小型发电机转动起来。

LEED。它代表"能源与环境设计领域的领导者"，有两方面的作用。一方面，它有一个积分系统用来考评一户家庭对环境产生的影响。另一方面，它也有一个粘贴在例如油漆、镶板、地毯等产品上的标签，主要用于为生产厂家做广告，强调产品的"绿色环保"。

低挥发性有机化合物。"VOC"代表挥发性有机化合物，这些物质一般在它们初次使用后会持续向周围释放瓦斯气体。挥发性有机化合物包括汽油、丙酮、甲醛，这些物质经常潜伏在油漆和其他涂层的表面。

被动冷却+加热。这种设计的特点是，不使用化石燃料也能创造舒适的室内温度。方法包括战略性地安排窗口的位置及安装厚厚的绝缘壁。

被动房。这是一种在德国完全自愿的、为建筑效率而制定的标准。德国人是十分严谨的，被动房成为各种技术产品的集大成者，是一种通过充分利用可再生能源使所有消耗的一次性能源总和不超过120千瓦/小时的房屋。如此低的能耗标准，需通过高隔热隔音、密封性强的建筑外墙和可再生能源得以实现。

光伏是一种将太阳能板收集到的能量转换成电能的技术系统。

消费后再生循环利用。在一种物质第一次被使用后再次回收并循环成另一种可以使用的物品。例如，你可能会买到用回收利用的牛仔布做成的墙体隔热材料。

消费前再生循环利用。有一些在生产制造过程中本来要被丢弃的材料被改造成为另一种产品。例如，一些连接地板是由一些木质装饰品制作而成的。

翻新再制造。一个使用过的产品经过拆开、清洗及升级变成像新的一样的产品。例如，你可以买一个翻新的火炉，它就像新的火炉一样好用。翻新再制造可以通过消除新产品的生产过程从而降低废物排放量。另外，翻新再制造的产品几乎没人能看出来它与新产品之间的区别。

风涡轮。涡轮有点像风车，同样由风力作为动力。有一些住宅可以在屋顶上安装涡轮捕捉风力来供应家庭用电消耗。然而，为了获取足够的能量，需要非常大和高的屋顶，建议精心挑选合适的屋顶。一个小型涡轮可能不会产生足够的动力，但是它宣告了人类对抗全球变暖的决心。

零能耗指的是一座房屋或建筑产生的能量大于或等于消耗的能量。

正如现代环保主义的始祖阿尔多·李奥帕德所说："一种食物，当它向着保存生物群落的完整、稳定和美丽的方向发展时，它就是正确的。反之，它则是错误的。"

第八章　高效利用空间

生活中有各式各样的财富——够用的空间、家人朋友对于"家"的建议、一个懂你心意的住宅设计师，甚至是符合自己气质和喜爱的装饰材料。这些财富里有些是可遇而不可求的，还有些是通过发挥自己的创意、才智和才能得到的，比如空间。

空间需要充分利用，而怎样收纳物品并获得储存空间，是在住宅设计中可以亲手创造的"财富"。在物欲满足越来越便利而生活空间却越来越昂贵的当今社会，一定要明确，可贵的是空间，而非物品。

第一节　空间是室内生活的财富

可以说，住宅的设计决定了如何配置我们的生活空间。此时的问题便是能否使用这些空间。

日文里有个词是"茶の間"（chanoma），即中文"茶之室"。可能有人会将这个词与现代公司中供职员吃茶喝水的茶水间混同。在日本人的生活中，"茶の間"是邻近厨房的餐室，同时也是日常看电视、喝茶的生活起居室。大约有四张半榻榻米大小（7.29平方米）的房间角落，有小巧的茶柜，房间正中间摆张矮脚饭桌，生活十分简朴低调。一到冬天，矮饭桌就变成了暖气桌，全家人都在这个狭窄的房间中吃饭和团聚，充满了欢乐。

所以，"茶の間"虽然空间不大，器物也不是很多，但是很好地容纳了家人与欢乐，还有温馨。这是一个家的财富。

一、充分利用空间

所谓能够使用的空间，是指具体明确了使用方法的空间；而不能使用的空间，多指使用目的不明确的暧昧空间。因此，很多人认为这种空间很浪费。

如图 8-1 所示，将打通挑高的空间作为例子进行分析。

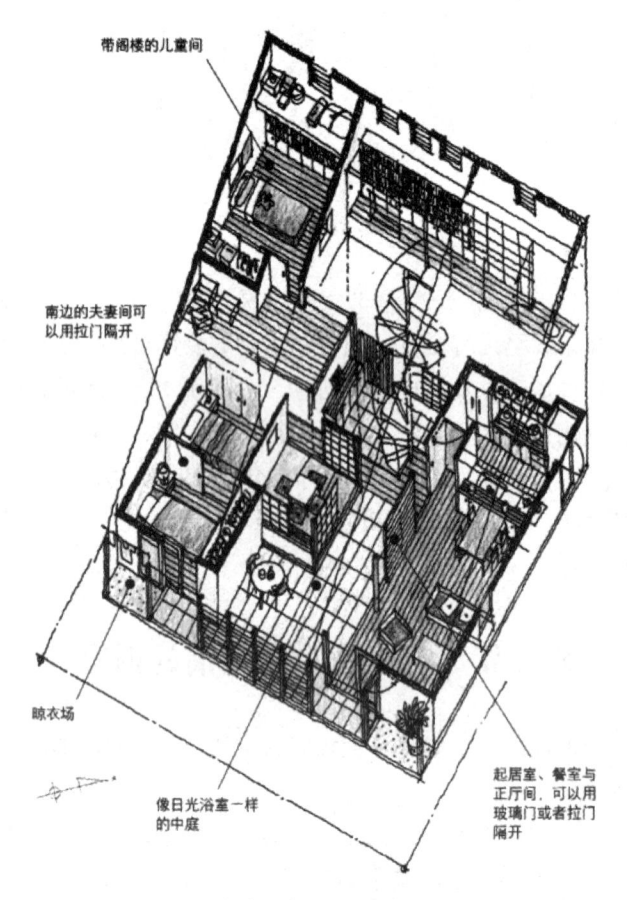

图 8-1　大片倾斜屋顶覆盖中庭的住宅

它的缺点在于空间过大导致暖气不起作用。铺上地板，则可以多出一个房间，从而避免浪费。这样做可以扩大地板的面积，节省暖气费用。又或者选择透气的空间，保持放松的心情。这是一个二选一的问题，等同于是选择宽敞还是选择浪费的问题。

这里说的不只是通风的问题。客户当然也不是为了装门面，客户只不过是建了一个宽敞的玄关，在这个大空间中放了一张小桌子和椅子。这个空间可以成为简单的接待室，也可以成为主人的书房。而且，还可以变身为栽培花草的日光室。也就是说，看似浪费的空间，如果琢磨好使用方法，也可以成为充实生活的多功能空间。

充分利用所有闲置的空间，按功能对这些空间加以细化，这种完全限定了使用方法的、毫无趣味性的住宅，会使人们的日常生活僵化，从而使住宅变成乏味、煞风景的处所。如果长时间持续平淡无奇的日常生活，那么任何人都会变得墨守成规，对生活没有一丁点激情。这个时候，如果将闲置的空间加以有效利用，就会显得非常宽裕。

二、第二建议与干扰信息的区分

如果是值得听取的第二建议，当然大受欢迎，问题是那种一知半解、不负责任的信息。像这种"干扰信息"会变得非常棘手。一提到建造住宅，一般都会听到很多这种信息，简直让人受不了。

正如有表面就必定会有里面的道理一样，集长处和短处为一体的建筑很正常。如果一直讨论其缺点，便会没完没了。如果受这些信息的干扰，即便不断去改正住宅的缺点，同样还是会出现不好的部分，这样做绝不会有好的结果。

举个关于玄关地板的例子。

原本计划是不惜成本将玄关地板和前廊部分砌成石面，不取斜面，将地板水平铺设。之所以将其水平铺设，是因为放置花盆和雨伞等时，其稳定性好，不容易打滑，完工后更能凸显房屋的美观。但是，客户却从别人那里听到了一个荒谬的意见。那个人觉得玄关"容易被泥土弄脏，所以将玄关设计成可以用水冲的形式才可以"。客户听后"恍然大悟"，觉得颇有道理。但是同时又想起时至今日很少有泥土弄脏鞋子的情况，即便鞋子被弄脏，人们一般都会用毛巾擦干净，于是问题也就随之解决了。

但客户还是要采纳他人意见，并按照这个意见，把地面设计成斜向，并加上排水槽排水。结果，由于采用斜面，插放雨伞的陶器打翻摔坏，而且排水槽的进水口有风的声响，虫子也从这个进水口爬进来，弄得大家不得安宁。此外，如果不小心忘记放下婴儿车和轮椅的刹车，婴儿车和轮椅就会有撞到玄关的危险。

而且，新建后的数年间，一次都没有遇到过用水冲洗的情况，不知道是幸运还是不幸。以前，厕所的地板设计也出现过类似的情况。由于人们认为厕所的地板容易脏，所以厕所各处都设计成可以用水清洗的形式。但是最近，干洗方式成了主流。

另外一个案例是关于忠告的。这个案例涉及厨房的悬挂式橱柜，在将柜门的开关设计成"平开门"还是"推拉门"方面，双方意见发生了分歧。A的意见是设计成"推拉门"，其原因在于发生意外时，里面的东西不容易掉落。B支持"平开门"，因为B觉得"推拉门"为了能够容纳两扇柜门，势必要留出缝隙，致使密封效果不佳，所以觉得"平开门"比较好。

仔细想想，两个意见都有中肯的地方，不知道该如何抉择。这个问题在于是考虑意外的发生概率，还是考虑日常使用的便捷性，所以很难得出结论。如果经常会发生地震，那么结果就显而易见。但是，如果几十年来都没发生过地震，那么就不用考虑意外的因素。

住宅设计在很多时候都会遇到这种难题，无法立即判断抉择的优劣。因此，倾听他人的意见显得尤为重要。但是，对他人的建议，是持相信态度，还是听听而已，或者该选择其中的哪个，这种最终的判断，无论是对设计师还是客户来说，都是个难题。如果不能合理判断外部提供的各种信息，并坚定自己的信念，那么就很难建造出富有个性的住宅。

三、选择对的设计师

劣质住宅和豆腐渣工程经常成为热议的话题。每当出现这种话题，认真工作的从业人员就会非常困惑。因为设计师和这些从业人员以及工匠一致认为，根本没有必要如此"费神费力"去偷工减料。他们怎么也想不明白，为了节省一点点材料而去偷工减料，这省下的钱又不能供他们花一辈子。而且这样做会失去社会对自己的信任，连人的尊严以及自尊心都会随之失去。

建筑工程往往要根据一定的流程进行。如果按这个顺序有效进行，就有可能降低成本。有时作为废弃的材料，可以用于应急。如果没有妨碍的话，也会使材料得到有效利用，这也是合理的。此外，就算是手艺娴熟的工匠，也难免会出错。但这只是失误，并不是偷工减料。因此，如果出现失误，工匠和从业人员也会承担起各自应有的责任。

设计、建造住宅需要客户、设计者和建造者的共同协作。可以说，这种关系的好坏直接影响着住宅的性能。缺少任何一方，都不会得到好的结果。

但为了防止偷工减料，终日在施工现场监工，带着猜疑心去监视工匠的工作，这样工匠也不会做好工作。因此，工匠对工作的喜爱程度以及居住者对其信赖程度的高低，都会变成工匠对工作的热忱和干劲。如果被他人信赖，工匠也会竭尽所能，因为做好本分是匠人们的职业素养。

因此，不要总是抱怨自己不满意的地方，而要时常看到好的一面。能够留心并对其进行评价，自然就会远离偷工减料等问题。需要时常站在建造者的角度思考问题，让工作的人保持轻松愉悦的心情。这也是客户获得优质住宅的一大关键。

每个人都一样，都想得到物美价廉的住宅。因此，希望建筑费和设计费尽可能便宜，这也是人之常情。有时，我们会听到某个建筑行业的人说"免费提供设计"，但却无法想象这些从事设计的人是为何以及怎样提供无偿劳动的。

设计一所住宅，从基本设计到施工设计，再经过现场管理到竣工，必须绘出五十至一百张的图纸，需花费大约一年的时间。设计费或许会便宜一点，但是这项工程并不是免费服务就能够完成的。经过不断推敲，不断绘出基本设计图。在设计图上绘出住宅的各个角落，才可以得出准确的成本价格，完工后也不会出现大分歧。这才是真正意义上的设计业务。如果只需画几张房间的平面布局和外观图等，就可以了事，这种简单的操作肯定是可以免费的，但是这却算不上是设计。

购买成品房的情况则另当别论。那种从设计到建造都委托给建筑方的住宅，需在没有看到成品的前提下，下订单签合约。这种情况下，成本的高低与否固然重要，但是与设计者和建筑方的依赖关系也尤为重要。

有的客户不断砍价，不断交涉，使经营者在几乎没有利润的情况下签下合约。客户为了不上当吃亏，做足了功课，认为这是自己不断努力的结果。但是，人的情感是非常微妙的。任何人对这种没有多少利润，而且一不小心就会出错甚至赔钱的工作，都不会有多少热情。

在这种情况下完成的住宅与使用正常成本完成的住宅完全不一样，因为没有投入精力的工作是不会做出好成绩的。虽然没有偷工减料，但是在隐形的部分会出现细微的差别，而这些差别只有专家才能辨明。

对于这种案例，笔者认为从长远来看，这个客户绝对没有得到好处。将来肯定得对住宅进行维修，而且还会遇到一些附带的小麻烦。因此，业者和住宅是伴随客户一生的。熟知隐形部分的业者，拿我们的话来说，就相当于主治医生。万一发生什么问题，能够立即看清病症，进行切实的护理。住宅建成后，一切并没有结束。它必须经受时间的洗礼，数十年如一日。

总的来说，如果客户、设计者以及建筑者保持良好的信赖关系，偷工减料导致的劣质住宅等，就没有出现的机会。

四、允许天然材料的瑕疵

室内装饰材料是室内装饰工程的物质基础，装饰设计必须通过一定的材料制作加工才能成型，材料的存在是实现使用功能和装饰效果的必要条件。室内装饰材料不仅能改善室内的艺术环境，使人们得到美的享受，而且还兼有绝热、防潮、防火、吸声、隔音等多种实用功能，可延长建筑物的使用寿命以及实现某些特殊功能，是现代建筑室内外装饰中不可缺少的物质元素。如今市场上新型材料变化多端，根据室内装饰工程的需要及装饰行业新材料的流行与应用等问题，这里重点介绍室内装饰工程中常用的饰面材料及新型装饰材料。

所谓的室内装饰材料，是指用于建筑空间内部墙面、天棚、柱面、地面等界面的基层及饰面材料。室内装饰工程中常使用的装饰装修材料也称为室内建筑装饰材料。

（一）室内装饰材料的作用

改善室内环境。用于室内装饰工程的材料，能使人们得到美的享受，通过材料的质感、纹理、颜色的搭配，使建筑空间获得艺术价值和文化价值。

实用功能。装饰材料能起到绝热、防潮、防火、吸声、隔音等多种功能，并能保护建筑主体结构，实现建筑室内的基本功能。

材料是从设计到工程实施过程中的有效载体。材料为装饰的表现起到强化、丰富的作用。材料是装饰艺术的载体，设计理念的更新促进了装饰材料的发展，以此来满足人们的猎奇、追新、求异等需求。

（二）装饰材料的分类

室内装饰材料种类繁多，市场的多元化需求带动着建筑装饰材料科技化进入新时代。装饰材料已经脱离早期装饰工程中为满足简单装修所造的材料阶段，虽说新材料生产研发日新月异，但材料的基本性能是不变的，按照不同标准具体分类如下：

按材质分为塑料、金属、陶瓷、玻璃、木材、无机矿物、涂料、纺织品、石材等种类。

按功能分为吸声、隔热、防水、防潮、防火、防弹、耐酸碱、耐污染等种类。

按装饰部位分为墙面装饰材料、顶棚装饰材料、地面装饰材料等。

在以上装饰材料中，其功能都不是单一的，需要互相搭配使用，才能体现出最佳效果。因此，设计师要处理好设计与施工的关系，把握设计思想与客观现实及施工环境的相互关系。设计必须结合装饰材料的性能，通过材料的搭配使用来实现功能设计、形式设计、个性设计、效果设计，最终展现材质设计的完整性。材料的实施是材质设计的表现，材质是室内设计的美丽外衣。

（三）装饰材料的基本特征

室内装饰材料要体现空间的意境与氛围，要通过材料的质感、线条、色彩搭配才能表现出来。材料的功能与效果也需要通过材料的基本特征来展现，任何一种装饰材料都需具备以下基本特征。在选择具体部位材料时，只有综合考虑材料的多项性能，才能运用自如。

材质：指材料本身的组织与构造，是材料的自然属性。材质包含材料的外在形态、色彩、质地、肌理，是人的视觉对材料表面特征和材料一般物理属性的综合反应和综合印象。质地不同的材料，在受光条件下，其外表形成不同的视觉形态。如木材纹理给人别致、自然淳朴、轻松舒适的感觉；石材光泽度高、坚硬、冰冷，给人稳重、雄伟庄严、挺拔刚劲的感觉；铝合金轻快、明丽，金银光亮给人辉煌、华丽、高贵的感觉；塑料细腻、质密、光滑，给人优雅、轻柔的感觉；有机玻璃明洁、透亮，给人温暖、亲切的感觉。

质感：质感是材料的表面组织结构、花纹图案、颜色光泽、透明性等给人的一种综合感觉。相同的材料可以有不同的质感，如普通清玻璃与冰裂磨砂玻璃镜面，花岗岩与人造石等。设计师在设计运用中，需依靠材质本身体现设计内涵，灵活运用材料质感，才能搭配出多样化的外观效果。

肌理：指材料表面因内部组织而形成的有序或无序的纹理，其中包含对材料本身经过再加工形成的图案及纹理。肌理是质感的表现形式，反映材料表面的形态特征，使材料的质感体现更具体。

在装饰艺术设计中注重材料的自然美，并不是为了表现材料而表现材料，而是利用装饰材料的主要特性来深化设计创意。主要从材料的肌理美感、色彩美感、质地美感三方面体现各种材料的质感。

材料的肌理美感指材料本身的纹理、图案等，是质感的形式要素，反映材料表面的形态特征，使材料的质感体现更具体。材料的色彩美感指材料自身的天然色泽。材料的质地美感指材料特有的质地，质地是质感的内容要素，是材料的表面特征。

在室内环境中，人们主要通过触觉和视觉感知实体物质，对不同装饰材料的肌理和质地的感受差异较大。要巧妙地利用材料的质地处理肌理效果，这样每一种材料都会显露出它特有的美。设计师也能在材料抽象美的启迪下，把艺术构想与材料的自然属性融为一体，将材料的外表美与装饰艺术结合起来。

此外，颜色、光泽、透明度、表面组织、形状和尺寸、平面花饰、立体造型、基本使用性等，都是材料的多项性能。

（四）材料的选择

室内装饰的目的是造就一个自然、和谐、舒适而整洁的环境，材料的选择在设计创意过程中是不可缺少的。不同材质的特征，体现不同的空间个性，极大地影响着室内环境的效果。室内装饰材料的选用应结合材料装饰的部位、所处的地域和气候环境、场地与空间的大小、民族习惯及个人信仰、经济条件等方面综合考虑，以达到运用自如。另外，装饰材料虽种类繁多，但伴随着科技应用技术的多元化，现有材料已满足不了市场的需求。这就需要运用新的科技手段研发各种性能的新材料，在丰富市场的同时，也为装饰工程选材增大了空间。

（五）住宅设计工程常用材料

住宅设计的目的是美化空间环境，创造使用性与欣赏性良好的空间。而装饰效果的好坏，在很大程度上取决于材料的选择与应用。通过材料的色调与质感、形状与尺寸、工艺与手段，来达到不同的住宅设计效果。因此，材质及其配套产品的选择应用要与整体空间环境相协调，在功能内容上与室内艺术形成统一，要充分考虑到整体环境空间的功能划分、材料的外观效果、材料的功能性以及材料的价格等综合性因素。

1. 饰面石材

饰面石材分为天然石与人造石两类，天然石主要分为两种：大理石和花岗石。

（1）天然石

从广义上来说，凡是有纹理的石材统称为大理石，而图案以点斑为主的称为花岗石。从狭义上来说，大理石指的是云南大理出产的石材，但事实上，受各种条件限制，现在全国各地的大理石很少是产自云南大理的。概括来说，现在市场上通俗的说法是，一般有纹理的都是变质岩，通称大理石；而显点斑结晶颗粒的，也就通称花岗石了。

从地质形成来区分，花岗石是火成岩，大理石是变质岩。花岗石也叫酸性结晶深成岩，是火成岩中分布最广的一种岩石，由长石、石英和云母组成，其成分以二氧化硅为主，约占65%～75%，岩质坚硬密实。大理石是变质岩，是地壳中原有的岩石经过地壳内高温高压作用形成的。大理石主要由方解石、石灰石、蛇纹石和白云石组成，其主要成分以碳酸钙为主，约占50%以上。其他成分还有碳酸镁、氧化钙、氧化锰及二氧化硅等。

大理石一般都含有杂质，而且碳酸钙在大气中受二氧化碳、碳化物、水汽的作用，也容易风化和溶蚀，而使表面很快失去光泽。大理石一般性质比较软，表面有细孔，所以在耐污方面比较弱。而少数品种如汉白玉、艾叶青等，质纯且杂质含量少，比较稳定耐久。这些可用于室外，其他品种不宜用于室外，一般只用于住宅设计。大理石在室内装修中常用在电视机台面、窗台台面、公共场所室内墙面、柱面、栏杆、窗台板和服务台面等部位。大理石是中硬石板，板材的硬度较低，如在地面上使用，磨光面易损坏，所以尽可能不要将大理石板材用于地面。但在装饰等级比较高的住宅或酒店、宾馆等局部空间，地面可以用大理石板材铺装客厅的地面，常用拼花的装饰手法，给人高贵典雅的视觉效果。大理石板材可做墙面装饰，但墙面装饰对大理石的施工操作技术要求很高。另外，大理石还可制作各种装饰品，如壁画、屏风、座屏、挂屏、壁挂等，还可以用来拼镶花盆和镶嵌高级硬木雕花家具。

花岗石属于硬石材，质地坚硬、耐酸碱、耐腐蚀、耐高温、耐光照、耐冻、耐摩擦、耐久性好，外观色泽可保持一百年以上。花岗石材色彩丰富，晶格花纹均匀细致，经磨光处理后光亮如镜，质感好，有华丽高贵的装饰效果。花岗石板材的表面加工程度不同，有的质感粗糙，有的质感细腻。一般来说，镜面板材和饰面板材表面光滑，多用于室内墙面和地面，也用于部分建筑的外墙面装饰。铺贴后形影倒映，整齐厚重，富丽堂皇。麻面板材表面质感粗糙，主要用于室外墙基和墙面装饰，有一种古朴、回归自然的亲切感。

花岗石不易风化变质，多用于墙基和外墙饰面，也用于室内墙面、柱面、窗台板等。常见于高级建筑装饰工程大厅的地面，如宾馆、饭店、礼堂等的大厅。花岗石板材色彩花纹种类繁多，在设计施工的选择中，应考虑整个室内空间的装饰要求及整体效果是否与其他部位的材料色彩、风格相协调。

（2）人造石材

人造石材以不饱和聚酯树脂为黏结剂，配以天然大理石或方解石、白云石、硅砂、玻璃粉等无机物粉料，再加入适量的阻燃剂和颜料等，经配料混合、浇铸、振动压缩、挤压等方法成型固化，制成一种色彩艳丽、光泽如玉、酷似天然大理石的人造石材。人造石材是人们在实际使用过程中，针对天然石材性能的不足而研究出来的，它在防潮、防酸、防碱、耐高温、拼凑性方面都有很大的改进。

按照所使用黏结剂的不同，可分为有机类人造石材和无机类人造石材两类。按其生产工艺过程的不同，又可分为复合型人造石、亚克力型人造石、聚酯板型人造石三种常见的类型。复合型人造石韧性较好，自然开裂的现象较少；亚克力型人造石具有更高的硬度和更好的韧性，温差大的情况下不会产生自然开裂，但价位偏高；聚酯板型人造石最常用，其物理化学性能亦最好。但聚酯板型人造石的韧性差，温度变化时易开裂，表面硬度差，易刮伤。

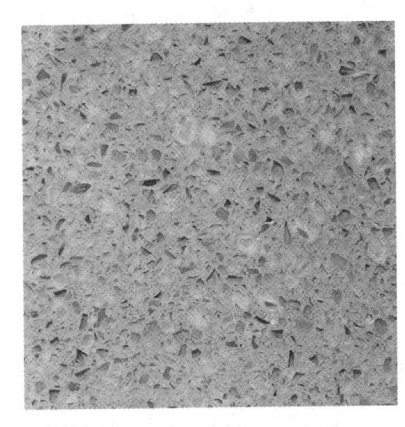

图 8-2　一种复合工程石　　　　图 8-3　复合工程石厨房台面

人造石外表光洁，没有气孔、麻面等缺陷，实体面材不渗透，色彩多样，基体表面有悬浮感，具有一定的透明度。有足够的强度、刚度、硬度，特别是耐冲击性、抗划痕性更好，坚固耐用，不变形，对水、油、污渍、细菌有很强的抵抗力，容易清洗。而且耐久性好,具有耐气候变化、抗变形和骤冷骤热性好的优点,属于环保型材料,无毒、无辐射。此外,柔韧性好、可塑性强,可加热弯曲成型,拼贴可以使用与其配色的胶水,接缝处施工简便,接缝处不明显,表面的整体性强。

常用于厨柜台面、卫生间洗手台、窗台台面、门窗套、茶几、餐桌、装饰墙、腰线、踢脚线、吧台、浴盆、泳池等,还可用于酒店、银行、医院、机场、餐厅、学校等公共场所,也可以浇铸成各种雕塑装饰品、工艺品、礼品牌、招牌灯,是替代天然大理石和木材的新型绿色环保建材,也是比较受欢迎的装饰材料。

(3)微晶石

微晶石也称微晶玻璃、玉晶石、水晶石、结晶化玻璃、微晶陶瓷,是一种采用天然无机材料,运用高新技术经过两次高温烧结而成的新型环保高档建筑装饰材料。它集中了玻璃与陶瓷的特点,但性能却超过它们,在机械强度、耐磨损、耐腐蚀、电绝缘性、介电常数、热膨胀系数、热稳定和耐高温等方面,均大幅度优于现有的工程结构材料(陶瓷、玻璃、铸石、钢材等)。它比天然花岗石、大理石有更好的装饰效果。微晶石是近年来在建筑行业流行的装饰材料,华贵典雅、色泽美观、耐磨损、不褪色、无放射性污染等优良性能,使它经常在大型建筑物内外装饰中闪亮登场,成为现代建筑装饰的首选之石。

微晶石多用于建筑物外墙干挂、内墙铺贴或地面装饰,是星级酒店、宾馆、机场、写字楼和家庭装饰中的顶级装饰材料,逐步代替了天然石材和陶瓷中的高档墙地装饰材料。并且代表地方形象与风格,装饰效果典雅、豪华、气派。此产品价格高低差异较大,白色微晶石价格比较便宜,颜色越深越贵。常用尺寸为1 200mm × 2 400mm × 18mm。微晶石地砖价格比较贵,在每平方米100 ~ 400元之间,一般常用在高档装修场所。

微晶石的特点十分突出,因而运用广泛。它无辐射,无污染,不会像天然石材那样产生对人体有害的放射性元素,是新一代的绿色环保型建材产品。无色差,颜色纯净,有白、黄、蓝、绿、灰、黑、红等系列,又以白、米、灰三个色系最为设计师所喜爱,并能生产一些天然石材没有的颜色。光泽度100%,几乎不吸水,远远优于瓷制抛光砖和石材。经久耐用、耐酸、耐碱、不变色。密度高、强度大、折晶度好、结构致密均匀,比天然石材更坚硬、更耐磨。抗冻性、抗热性、抗震性好,耐急冷急热性能良好。

(4)水磨石

水磨石是以水泥为凝聚材料、大理石粒为骨料,掺入不同色彩,经过搅拌、养护、研磨等工序而制成的一种具有装饰效果的人造石材。水磨石原料丰富，价格较低，施工工艺简单，装饰效果好，广泛用于室内外装饰工程中。现在普遍使用防静电水磨石，此类水磨石性能优于传统水磨石，成本低、工艺简易、施工灵活，在防静电性能和建筑性能上表现更为优良。

水磨石的特点及运用具体如下：水磨石花色样式很多，色泽艳丽光亮，不燃烧、不起尘、不吸潮、无异味，无任何环境污染，可做地面、台板、台面等。常用在公共空间的大面积地面，如学校教室的地面、工厂车间地面，施工方便，可以现场整体浇制。装饰分格用铜分格条，打普通地板蜡即可维护保养，不影响其防静电性能。地坪表面平整、光滑、清洁、坚硬、耐老化、耐污损、耐腐蚀。

2. 木材

木方是装修中常用的一种材料，有多种型号，也是装饰装修中常用的骨架和基材，用来支撑造型、固定结构，也称为木龙骨。一般用在吊棚做木龙骨或者装饰造型中的结构连接部位。木方常用的规格一般为30mm×30mm、30mm×40mm、30mm×50mm，俗称3个方或者5个方。

纤维板是以木材或植物纤维为主要原料，经机械分离成单体纤维，加入添加剂制成板坯，通过热压或胶粘剂组合成的一种人造板。纤维板表面光洁、质地坚实、使用寿命超长，厚度主要有3mm、4mm、5mm三种。纤维板表面经过防水处理，其吸湿性比木材小，形状稳定性、抗菌性都较好，且含水率低，常用于建筑工程、家具制造、橱柜门芯装饰，还可用作计算机室抗静电地板、护墙板、防盗门、墙板、隔板等的制作材料。

人造胶合板是墙壁、地板、天花板、橱柜以及定制家具的不二之选。人们所熟悉的材料本质上是在单板松树的表面上胶合一层其他材质，这就是为什么"胶合板（plywood）"的拼写中有"ply（夹层）"。它不能和中密度纤维板（MDF）混为一谈，MDF是一种用废木料粉碎压制融合成的廉价低劣的材料，常用来制造便宜的待组装家具。你会发现品种繁多的不同颜色和纹理的人造胶合板，包括桤木、野草莓树、桦木、竹、雪松、樱桃木、胡桃木、桃花心木、枫木和红杉等。桃花心木诱人而又富有情调，也许会让你想到居住在拥有深咖啡色地板的公寓里的父母。要拒绝纹理，就要选择纯正的天然色调的结瘤松树花纹胶合板。

通常可以在木材厂找到三种基本类型的结瘤松树花纹胶合板。

A级别是光滑的，它能够上漆，但不推荐这种做法，并且以在特殊瑕疵区域有小补丁或参差不齐为特征。

图 8-4　A 级别胶合板

B 级别更硬一些，并且上面有更多的虫蛀的小结。最好的 B 级木板上面甚至可能有一些非常微小的裂痕。

图 8-5　B 级别胶合板

芬兰胶合板（FIN—PLY），它通常比其他一般的胶合板更耐磨，更有吸引力。虽然很多胶合板产品都不是很贵，但芬兰胶合板实际消费额却相当高。当然，高成本的芬兰胶合板也是由它的原产地芬兰所控制的。

图 8-6　芬兰胶合板

刨花板是由木刨花或木纤维组成，如木片、锯屑等，经过干燥后拌以合成树脂胶料、硬化剂、防水剂等，在一定的温度压力下压制成的一种人造板，也称碎料板。刨花板在建筑装饰装修中主要用于隔断墙、室内墙面装饰板、制作普通家具等。刨花板表面常以三聚氢氨饰面双面压合，经封边处理后与中密度板的外观相同，也是橱柜制作的主要材料。同时它的胶含量大，可利用其制成直接安装的半成品建筑装饰板。

以前，为了使木材不出差错，人们会用数年的时间让其自然干燥。而现在，无论是在资金方面还是时间方面，都没有那种条件了。一般都用机器对木材进行干燥，而完全干燥的木材是屈指可数的。因此，市场上的木材出现失误的可能性非常高。

现在市场上的地板材料主要是在胶合板上贴上数厘米薄的化学建材。这些材料永远不会变色，不会被划伤，不会出现误差，也不会被弄脏。这种不用花费精力的材料，理所当然受到众多消费者的喜爱。

但是，事实上，这些化学建材正是造成病态住宅症候群的原因。病态住宅症候群主要表现为眼睛刺痛、头痛以及头晕等症状。其中最严重的是建材上的有机溶剂等转化为神经毒素，在环境荷尔蒙中产生作用，或多或少地对我们的遗传基因造成影响。

化学建材同时拥有正面和负面作用。这些建材并不特别，它们被理所当然地用于我们的住宅中，如壁纸、印刷胶合板、涂料等，存在于我们的周围，随处可见。

在过去，即使稍微有些缺点，人们也会普遍认为天然材料才是"好材料"，而那种零误差、平淡乏味的化学建材反而令人心生厌恶。但是，用这种感觉来衡量住宅的人越来越少了。仔细想来，这种感觉与买音响和私家车的感觉相同。基本上，工厂生产的产品与手工建造的住宅所追求的东西完全不同，但是现在住宅也开始被工厂生产加工，所以人们自然而然会产生这种感觉。物品稍微有些划痕和污渍，就会被当作次品，从而被降价出售。

有的客户用放大镜寻找瓷砖中那些细微不平整的地方，以索取赔偿。而贴瓷砖是工匠手工完成的，自然多少会有些出入。但是对生活不造成妨碍的误差是在允许范围内的，如果对此喋喋不休，那就是没有理解工厂生产的产品与手工制品的不同之处了。

天然木材有天然木材的优点，胶合板也有胶合板的特色。但是，对我们来说，如果没有看清什么才是真正的好东西就做出选择，而错失以心灵和感性来体会实物和手工艺品优点的机会，那么我们就真的错了。

3. 地板

目前，市场上出售的地板主要有实木地板、实木复合地板、强化复合地板、软木地板和竹地板等。由于各种木地板材质不同，生产工艺也不同，造成其装饰效果、价格和质量的不同。

（1）实木地板

实木地板采用天然木材制作而成，具有自然美、舒适保暖的特点。

按木质划分，主要有柞木、柚木、水曲柳、楸木、桦木、橡木等类。柚木是木材中的优质品种，纹理漂亮，木材呈黄褐色，材质性能好，可以匹配各种树种的实木家具，尤其适合欧式新古典主义家具和中国古典家具，但价格较高。柞木也是木地板的上乘材料，纹理变化多样，多山水纹和水波纹，相当美观。橡木颜色淡，因此也被称为"白橡"，力学强度高，耐磨损，价格在 200 元 /m^2 左右。水曲柳地板以长白山产地的性能最佳，纹理清晰、装饰效果好、价格适中。桦木的各项性能指标均不及以上四种，但价格较低。

按结构形式划分，平口实木地板形状为长方体、四面光滑、直边，生产工艺较简单。企口实木地板的整块地板由一块木材，经开榫槽及背槽直接加工而成，产品技术要求比较全面。拼方、拼花实木地板由多个小块地板按一定的图案拼接而成，多呈方形，其图案有一定的艺术性或规律性。生产工艺比较讲究，要求的精密度高。特别是拼花地板，它可能由多种木材拼接而成，而不同木材的特性是不一致的。竖木地板以木材横切面为板面，呈正四边形、正六边形，其加工设备也较为简单，但加工过程的重要环节是木材改性处理，关键要避免湿胀、干缩、开裂。指接地板由相等宽度、不等长度的小地板条胶合而成，并有榫和槽，一般与企口实木地板结构相同，并且安装简单，自然美观，变形较小。集成地板由宽度相等的小地板条拼接起来，再横向拼接而成。这种地板幅面大，边芯材混合并互相牵制，性能稳定，不易变形，色彩纹理给人一种天然的美感。

实木地板保持了原木自然温暖的特点，容易与室内其他家具饰品和谐搭配，给人以温馨、舒适、干爽、回归自然之感。但安装比较麻烦，价格较高，地板木质细腻干燥，受潮后易收缩，产生反翘变形现象。不耐磨、易腐蚀，使用时间久后会发黑失去光泽，一般一个月打蜡一次，保养非常复杂。

（2）实木复合地板

复合木地板是近几年来流行的地面材料，由不同树种的板材粉碎后，添加胶、防腐剂、添加剂后，经热压机高温高压处理而成，克服了实木地板单向同性的缺点。复合木地板强度高、规格统一、板面坚硬耐磨、干缩湿胀率小，具有较好的尺寸稳定性，并保留了实木地板的自然木纹和舒适的脚感。同时解决了实木地板易变形、不耐磨的缺陷，而且脚感特别舒服，又克服了实木地板难保养的缺点。复合地板无须上漆打蜡，易打理，使用广泛，代表了强化木地板的发展方向，是很好的环保材料。

(3) 强化复合地板

强化复合地板由四层结构组成，分别是耐磨层、装饰层、基材料层与防潮层。第一层最关键，由三氧化二铝（Al_2O_3）组成，有很强的耐磨性和硬度。氧化铝含量制约着强化复合地板表面层的耐磨性，是强化地板中最坚硬的一层保护。

(4) 软木地板

软木是生长在地中海沿岸的橡树的保护屋，即树皮，俗称栓皮栎。软木地板的原料就是这些橡树的树皮，软木地板所谓的软，其实是指其柔韧性非常好。在制成地板时，经过加工处理，其稳定性完全可以达到地板的要求。

图 8-7 具有古典气质的软木地板

软木地板具有很多优点。安全、柔软、恢复性能和弹性好，即使是特别重的家具压在上面，也不会形成明显的压痕，可在重物撤去后恢复原状。绿色环保，软木来源于自然，本身无毒无害。软木每隔 9 年采剥一次，采剥后树木仍会继续生长出新的树皮，每棵树可以采剥 10～12 次。软木地板是真正的绿色环保材料，对大自然的树木毫无损坏。其隔音、隔热性极佳，可以降低脚步的噪音，降低家具移动的噪音，吸收空中传导的声音。耐磨性好，软木的细胞结构决定了它比实木地板更加耐磨，表面带树脂耐磨层的软木地板，其耐磨度是实木地板的 10 倍以上。防潮、阻燃，不易变形，不怕水浸泡。它可以铺在厨房、卫生间等非常潮湿的环境中，同时又具有良好的阻燃性，在离开火源后会自然熄火。防滑、抗静电、绝缘，软木的吸水率几乎为零，所以软木又是非常好的绝缘体。易于安装和维护，花色丰富，具有天然花纹，高雅美观，独具风格。耐腐蚀，耐化学污染，具有耐油、水、酸、碱等多种化学液体，在自然条件下非常耐久，可自然保存几十年而不会变形或开裂。软木不含淀粉和糖分，虫蚁不蛀，因而防虫、不生霉菌。

常用的规格有 600mm×300mm×4mm、915mm×305mm×11mm 两种。既能适应南方潮湿湿润的环境，也能在北方的干燥环境中使用，是地板行业近两年来出现的一个新产品。

（5）竹地板

竹地板是竹子经漂白、硫化、脱水、防虫、防腐等工序加工处理之后，再经高温、高压、热固、胶合而成的。竹地板品质稳定，是住宅、宾馆和写字间等常用的高级装饰材料。

图 8-8　竹地板装修效果图

竹地板耐磨、耐压、防潮、防火、防蛀、抗震。经过脱去糖分、淀粉、脂肪、蛋白质等特殊无害处理后的竹材，具有超强的防虫蛀功能。竹地板无毒，牢固稳定，它的物理性能优于实木地板，铺设后不开裂、不扭曲、不变形起拱。强度高，硬度强，脚感不如实木地板舒适，但弹性适度，可减少噪音，不需要打蜡上光，便于日常维护且容易清洁。在价格上也有一定的优势，价格在实木地板与实木复合地板之间。色差较小，具有丰富的竹纹，色泽柔和靓丽，竹纹清新自然，竹香怡人，但外观没有实木地板丰富多样。

竹地板的突出优点是冬暖夏凉，特别适合铺装在客厅、老人和小孩的起居室、健身房、书房等地面及墙壁装饰。竹地板表面光洁柔和，几何尺寸合理，长、宽、厚的常规规格有 915mm×91mm×12mm、1 800mm×91mm×12mm 等。使用寿命可达 20 年左右，不适合用于浴室、洗手间、厨房等潮湿的区域，受日晒和湿度的影响会出现分层现象。另外，采用竹子为原料，可减少对木材的使用并起到保护环境的作用。

（6）油地毡

作为纯天然产品的油地毡，是由亚麻油、松香（松树树脂）、软木屑、石灰石、木粉和颜料组成的，因此也被称为亚麻油地板或亚麻油地材。油地毡的颜色是内外统一的，不会因为上层材料被磨损而变色。并且色彩也比较自由，如何搭配和镶嵌出和建筑物相和谐的漂亮图案吸引了很多人，是一门受尊重的艺术。此外，油地毡还具有极端耐磨性、韧性高、吸水性强和抗过敏性等优点，清理比较容易，因而被广泛用于抗过敏病房、医院、疗养院和厨房等场所。最主要的是，它不会像聚氯乙烯基地板那样因燃烧而释放有毒气体，所以目前主要用来替代聚氯乙烯基地板。

总的来说，油地毡是一种既便宜又容易清洁的地板。板材弯折或裁减后都能重新封接起来，这个特性使得它成为经常需要更换表面地板材料房间的最佳选择。

图 8-9 亚麻油地板的色彩艺术

4.玻璃

玻璃是一种重要的装饰材料。从室外外墙玻璃到室内的艺术玻璃，它在建筑领域中使用频率很高，人们也越来越重视玻璃对居住空间的装饰美化作用。玻璃品种很多，分类方法很复杂，常见的玻璃主要有平板玻璃、装饰玻璃、安全玻璃、特种玻璃、新型装饰玻璃、玻璃砖等，还有其他类别的玻璃，如防火玻璃、镀膜玻璃、彩色玻璃、彩印玻璃、釉面玻璃、制镜玻璃、玻璃瓦、玻璃马赛克、玻璃家具等。这里重点介绍住宅设计工程中具有特殊效果的艺术玻璃及玻璃新产品。

（1）平板玻璃

平板玻璃是室内外装饰工程中最普通的常用玻璃品种，有透光、隔声性能，还有一定的隔热性、隔寒性。平板玻璃硬度高，抗压强度好，耐风吹、耐雨淋、耐擦洗、耐酸碱腐蚀。但其质脆、怕强震、怕敲击，安全性差，安全程度高的场所建议使用钢化玻璃。常用厚度为 3mm、5mm、6mm。主要用于各种门窗、室内各种隔断窗、橱柜、柜台、展台、展架、玻璃隔架、家具玻璃门等，是使用最广泛的玻璃材料。

（2）钢化玻璃

钢化玻璃是利用加热到一定温度后迅速冷却的方法，使普通平板玻璃经过再加工处理而成的一种预应力玻璃。钢化玻璃不容易破碎，即使破碎也会以无锐角的颗粒形式碎裂，对人体的伤害大大降低。该玻璃除具有普通玻璃的透明度外，还具有很高的温度急变抵抗性、耐冲击性和机械强度高等特点，因此在使用中较其他玻璃安全，故又称安全玻璃。常用于高层建筑门窗，以及商场、影剧院、候车室、医院等人流量较大的公共场所的门窗、橱窗、展台、展柜等处。

（3）磨砂玻璃

磨砂玻璃是在普通平板玻璃上面经研磨、喷砂加工后，使其表面成为均匀粗糙的平板玻璃，也称毛玻璃。一般厚度在 9cm 以下，以 5cm、6cm 的居多。这类玻璃易产生漫射作用，只有透光性而不透视，作为门窗玻璃可使室内光线柔和，没有刺目之感。常用于室内隔断或者浴室、办公室等需要隐秘和不受干扰的空间。

（4）喷砂玻璃

喷砂玻璃的性能基本与磨砂玻璃相似，用高科技工艺使平面玻璃的表面形成侵蚀，再经喷砂处理成透明与不透明相间的图案，又称为胶花玻璃。此类玻璃与磨砂玻璃在视觉上相似，不好区分，常用于表现界定区域却互不封闭的地方。喷砂玻璃给人以高雅、美观的感觉，适用于室内门窗、隔断和灯箱制作。常用厚度为 16mm，最大加工尺寸为 2 200mm×1 000mm。

图 8-10　喷砂玻璃效果图

（5）镶嵌玻璃

镶嵌玻璃是用铜条或铜线与玻璃镶嵌加工，组合成具有强烈装饰效果的艺术玻璃。可以将各种性质类似的玻璃任意组合，再用金属丝条加以分离，合理地搭配，呈现不同的美感。镶嵌玻璃最初用于教堂装饰，如今彩色镶嵌玻璃多用在欧式豪华风格的装饰造型中，广泛用于门窗、隔断、屏风、采光顶棚等处。

图 8-11 镶嵌玻璃

（6）冰花玻璃

冰花玻璃是一种将平板玻璃特殊处理后形成类似自然冰花纹理的玻璃。冰花玻璃与压花玻璃、磨砂玻璃、喷砂玻璃性能类似，对通过的光线有漫射作用，使用范围相近，其装饰效果优于压花玻璃等，给人以清新之感。目前最大规格尺寸为 2 400mm×1 800mm。可用于宾馆、酒店等场所的门窗、隔断、屏风和家庭装饰，具有良好的装饰效果。

图 8-12 冰花玻璃

（7）釉面玻璃

釉面玻璃是在按一定尺寸切裁好的平板玻璃表面上涂敷一层彩色的易熔化釉料，经过烧结、退火或钢化等处理，使釉层与玻璃平固结合，制成的具有美丽色彩或图案的玻璃。常见釉面玻璃有透明和不透明两种。釉面玻璃具有良好的化学稳定性和装饰性，图案精美，不褪色、不掉色，易于清洗。广泛用于室内工程饰面层、门厅和楼梯间的装饰面层等位置。

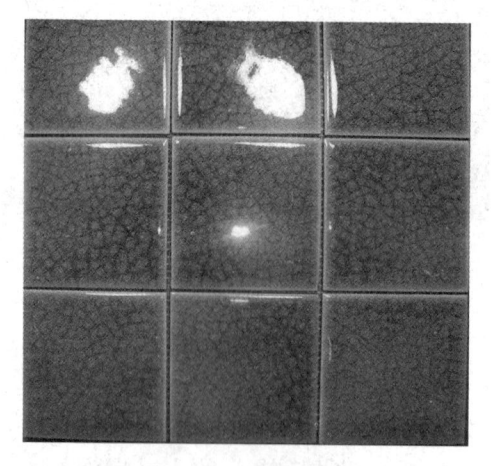

图 8-13　釉面玻璃

（8）刻花玻璃

刻花玻璃由平板玻璃经涂漆、雕刻、围蜡、酸蚀、研磨而成，与压花玻璃制作工艺类似，但图案立体感要比压花玻璃强，似浮雕一般。刻花玻璃主要用于高档场所的室内隔断或屏风。刻花玻璃一般按用户要求定制加工，最大规格为 2 400mm×2 000mm。

图 8-14　刻花玻璃

（9）镜面玻璃

镜面玻璃就是我们日常生活中使用的镜面，是玻璃表面通过化学或物理等方法形成反射率极强的镜面反射的玻璃制品。常用于装饰镜子，为提高装饰效果，在镀镜之前可对原片玻璃进行彩绘、磨刻、喷砂、化学蚀刻等加工处理，形成具有各种花纹图案或精美字画的镜面玻璃。在装饰工程中，常利用镜子的反射和折射来增加室内距离感，或改变光照的强弱效果。

图 8-15　镜面玻璃

（10）压花玻璃

压花玻璃是将熔融的玻璃液在急冷中通过带图案花纹的辊轴滚压而成的，也称花纹玻璃或滚花玻璃。其表面有各种图案花纹且凹凸不平，当光线通过时产生漫反射，具有透光不透视的特点。压花玻璃表面花纹丰富，具有一定的艺术效果。一般规格为 800mm×700mm×3mm，多用于办公室、会议室、浴室以及公共场所分隔空间的门窗和隔断等处。

图 8-16　压花玻璃

（11）玻璃锦砖

玻璃锦砖又称玻璃马赛克，是一种用高白度的平板玻璃，经过高温再加工，熔制成无毒、无放射性元素的玻璃。玻璃锦砖具有耐碱、耐酸、耐高温、耐磨、防水、高硬度、不褪色的优良性能，颜色绚丽，可以拼成各种颜色的漂亮混色，热稳定性好。常见的有普通玻璃马赛克、幻彩玻璃马赛克、金星线玻璃马赛克、水晶玻璃马赛克等多种产品，形状各异，其一般尺寸为20mm×20mm、25mm×25mm、50mm×50mm、100mm×100mm等。常用在地面、墙面、游泳池、喷水池、浴池、体育馆、厨房、卫生间、客厅、阳台等处，增加了一种豪华和典雅的立体空间氛围。

图8-17 玻璃锦砖

5.其他类项

除上述四种材质之外，还有几种材质可以用在室内装修或住宅之外的装饰上。

（1）瓷砖

瓷砖是由天然黏土或磨砂玻璃经由研磨、混合、压制、施釉、烧结之过程制造而成的。就瓷砖而言，它的表面覆盖着一层光滑的或亚光的釉面，具有耐酸碱性，很容易擦洗干净。

图8-18 日常家居中常见的瓷砖地板与厨房墙面

（2）不锈钢

叫不锈钢只是从它的工业表现看的，实际上不锈钢不是真正的钢，它是由镍和铬组成的。奥氏体钢由于镍的含量较高而更加灵活，而铁素体钢则不易受腐蚀，所以更适合室内建筑。不锈钢光滑而又平和，无细孔并且不易污染，运用在一些难以想象的区域会产生意想不到的效果。例如，婴儿床的床板或橱柜。

图 8-19　不锈钢被应用于厨房

（3）砖坯或土坯地板

也称为泥砖地板。这种混合多种黏土、沙子和稻草的物质常铺在第三层，第一层是一个厚实的基础，最后一层以紫苏油作为面漆。安装可能需要一个月，定制的色调范围从混凝土灰色到亮棕色。找到一个专家去铺泥砖地板几乎是不可能的，增加这种技术是一种超越的标志。它的安装虽说昂贵，但效果却是令人满意的，并且它可暴露在阳光下。缺点是容易有裂缝和水泡，这使得它不适合潮湿或干旱的气候环境。例如，厨房或浴室，以及一些人流量大的区域，如走廊、卧室、客厅、地下室或孩子的房间。所以近年来，泥砖地板多与土坯房搭档，成为特色旅游酒店的首选。

图 8-20　土坯房酒店中的泥砖地板

第二节　住宅中的陈设物摆放

室内陈设物的内容丰富，种类繁多，几乎所有具有审美价值的物品都可以算作室内陈设品，如，日常的器皿、纪念品都属于陈设范畴。

一、室内陈设的内容

随着人们生活的不断变化，室内陈设品的内容逐渐增多，门类也越来越丰富。这里大致分为家居织物、观赏品等几类。

（一）家居织物陈设

家居织物主要包括窗帘、地毯、床单、台布、靠垫和挂毯等。这些织物不仅有实用功能，还具备艺术审美价值。

1. 地毯

地毯是室内铺设类装饰品，不仅视觉效果好，艺术美感强，还可以吸收噪声，创造安宁的室内气氛。此外，地毯还可使空间产生聚和感，使室内空间更加整体、紧凑。

铺设的地毯应与室内陈设构图一致，与室内色彩环境相协调，使家具及陈设形成统一体。除了地毯外，还可以铺草编、染色草编，其民间气息浓厚，装饰性强。

2. 窗帘

窗帘具有遮蔽阳光、隔声和调节温度的作用。采光不好的空间可用轻质、透明的纱帘，以增加室内光感；光线照射强烈的空间可用厚实、不透明的绒布窗帘，以减弱室内光照。隔声的窗帘多用厚重的织物制成，折皱要多，这样隔声效果更好。窗帘调节温度主要运用色彩的变化来实现，如冬天用暖色、夏天用冷色；朝阳的房间用冷色，朝阴的房间用暖色。从室内装饰效果来看，窗帘、帷幔可以丰富室内空间构图，增加室内艺术气氛。

3. 靠垫

靠垫是沙发的附件，可调节人们的坐、卧、倚、靠姿势。靠垫应根据沙发的样式进行选择，常采用对比的原则。

一是色彩对比，靠垫选用的颜色应是沙发的对比色。二是质感对比，靠垫选用材料要与沙发材料成对比。三是花色对比，靠垫所选用图案往往比沙发所用图案纹样要大，椅垫图案则应该适中，与椅子造型相统一。

（二）观赏品陈设

艺术品包括绘画、书法、雕塑和摄影作品等，有极强的艺术欣赏价值和审美价值。在艺术品的选择上要注意与室内风格相协调，欧式古典风格室内应布置西方的绘画（油画、水彩画）和雕塑作品；中式古典风格室内应布置中国传统绘画和书法作品，中国的书画必须要进行装裱，才能用于室内装饰。

工艺品既有欣赏性，又有实用性。工艺品主要包括瓷器、竹编、草编、挂毯、木雕、石雕、盆景等。另外，还有民间工艺品，如泥人、面人、剪纸、刺绣、织锦等。除此之外，一些日常用品也能较好地实现装饰功能，如一些玻璃器具和金属器具，或晶莹透明、绚丽闪烁、或光泽性好，可以增加室内的华丽气氛。

室内绿化，有时也可被称为室内园艺，是指自然界中的绿色植物和山石水体经过科学的设计、组织所形成的具有多种功能的内部自然景观。室内绿化能够给人带来一种生机勃发、绿意盎然的环境气氛。室内绿化设计就是将自然界的植物、花卉、水体和山石等景观经过艺术加工和浓缩移入室内，达到美化环境、净化空气和陶冶情操的目的。室内绿化既有观赏价值，又有实用价值。在室内布置几株常绿植物，不仅可以增强室内的青春活力，还可以缓解和消除疲劳。

水是最活跃、在建筑内外空间环境设计中运用最频繁的自然要素。它与植物、山石相比，更富于变化，更具有动感，因而能使室内空间更富有生命力；室内水体景观还可以改善室内气候，烘托环境气氛，形成某种特定的空间意境与效果。室内水体景观有动静之分，静则宁静，动则欢快，水体与声、光相结合，能创造出更为丰富的室内效果。所有室内水体景观均有曲折流畅、滴水有声的景观效果，为回归自然的室内环境平添了独具一格的艺术魅力。室内水景的类型主要有喷泉、瀑布、水池、溪流与涌泉等形式。

山石是室内造景的常用元素，常和水相配合，浓缩自然景观于室内小天地中。室内山石形态万千，讲求雄、奇、刚、挺的意境。室内山石分为天然山石和人工山石两大类，天然山石有太湖石、房山石、英石、青石、鹅卵石、珊瑚石等；人工山石则是由钢筋水泥制成的假山石。

（三）其他物品陈设

其他的陈设物品还有：家电类陈设，如电视机、DVD影碟机和音响设备等；音乐类陈设，如光碟、吉他、钢琴、古筝等；运动器材类陈设，如网球拍、羽毛球拍、滑板等。除此之外，各种书籍也可做室内陈设，既可阅读，又能使室内充满文雅书卷气息。

二、室内陈设的功能

室内陈设不能脱离室内空间而孤立存在，陈设品必须服从室内的整体风格，并且进一步突出室内环境特征。室内陈设可以使室内空间更加丰富多彩，同时也反映出使用者的品位与个性。室内陈设的作用主要体现在以下四个方面。

第一，丰富空间内涵。今天的室内环境常常充斥着钢筋混凝土、玻璃幕墙、不锈钢等硬质材料，使人感到沉闷、呆板、与自然隔离。而陈设品的介入，能弥补这方面的不足，调节和柔化室内空间环境。造型独特的家具、精美的艺术品、柔软的织物、绿色的植物、流动的水体等陈设营造出二次空间，使空间层次更加丰富，贴近人的生活。例如，织物的柔软质地，使人有温暖亲切之感；室内陈列的日用器皿，使人颇觉温馨；室内的花卉植物，则使空间增添了几分色彩和灵气。

在室内环境中，格调高雅、造型优美、具有一定文化内涵的陈设品能使人怡情遣性、陶冶情操，这时陈设品已经超越其本身的美学价值而表现出较高的精神境界。书房中的文房四宝、书法绘画、文学书籍、梅兰竹菊等，都可营造出这种氛围，使人获得精神的陶冶。

第二，烘托环境气氛。不同的陈设品可以烘托出不同的室内环境气氛，如，欢快热烈的喜庆气氛、亲切随和的轻松气氛、深沉凝重的庄严气氛、高雅清新的文化艺术气氛等都可通过不同的陈设品来营造。例如，中国传统室内风格的特点是庄重与优雅相融合，我们在中式餐厅中就可选用一些书法、字画、古玩来创造高雅的文化气氛，显示出中国传统文化的环境气氛特点。而现代室内空间中，就可采用色调自然素静和具有时代特色的陈设品来创造富有现代气氛的室内环境。

室内绿化比一般陈设品更有活力，它不仅具有形态、色彩与质地的变化，并且姿态万千，能以其特有的自然美为建筑内部环境增添动感与魅力。室内绿化对室内环境的美化作用主要表现在两个方面：一是绿色植物、山石、水体本身的自然美，包括其色泽、形态、动感、体量和气味等；二是对各种自然元素的不同组合以及与室内空间的有机配置后所产生的环境效果。其一，室内绿化可以消除建筑物内部空间的单调感，增强室内环境的表现力和感染力；其二，自然景物的色彩不尽相同，可以营造出丰富的自然色彩风貌，植物花期来临时形成的缤纷色彩更会使整个空间锦上添花。

绿化的生态功能是多方面的，在室内环境中有助于调节室内的温度、湿度，净化室内空气，改善室内空间小气候。据分析，在干燥的季节，绿化较好的室内环境的湿度比一般室内的湿度高约20%；到了梅雨季节，由于植物具有吸湿性，其室内湿度又比一般室内的湿度低一些。花草树木还具有良好的吸声作用，有些室内植物能够降低噪声的音量，若靠近门窗布置绿化还能有效地阻隔传入室内的噪声。另外，绿色植物还能吸收二氧化碳，放出氧气，净化室内空气。

第三，表现意境与风格。在室内整体设计中，首先要立意，就是确定室内要表现一种什么样的情调，给人以何种体验和感受。要达到这个目的，除了装修手段外，陈设的作用是不可低估的。由于陈设的内容、形式、风格不同，会创造出意境各异的环境气氛。此外，陈设品具有很强的象征意义，其本身的图案、色彩、形态、质感，会呈现出不同民族、不同地域、不同文化的特征。

现代建筑中有许多大空间，对这些空间往往要求既有联系又有分隔。这时利用绿色植物和水体等进行空间分隔就成为一种理想的手段，绿色植物和水体能在分隔空间的同时，保持空间的沟通与渗透。绿色植物和水体在处理室内外空间的渗透方面效果更为理想，不但能使空间过渡自然流畅，而且能扩大室内环境的空间感。在室内空间中还有许多角落难于处理，如沙发、座椅布置时的剩余空间，墙角及楼梯、自动扶梯的底部等，这些角落均可以用植物、山石、水体来填充。可见，利用室内绿化可使空间更为充实，起到空间组织的作用。

第四，反映兴趣与品位。在住宅建筑设计中，通过陈设的内容就可以看出主人的性格、职业、爱好、文化水准和艺术素养。陈设品具有很强的倾向性，是表达个性的直接语言。如在客厅中陈设抽象的艺术品并配以简洁的现代家具，仿佛是在告诉我们，这是现代人的住宅空间。再如客厅中木质装饰墙上的中国画、小型茶几上的印度艺术品、沙发上柔软的靠枕、具有异域风格的地毯等，还有点缀其中的绿色植物，共同创造出别致、独特的空间气氛。陈设品是室内空间中不可或缺的组成部分，精心搭配的陈设品不仅可以丰富空间层次，还可以直接反映主人的修养与个性。

室内绿化引入内部空间后，可以获得与大自然异曲同工的效果。室内绿化形成的空间美、时间美、形态美、音响美、韵律美和艺术美，都将极大地丰富和加强室内环境的表现力和感染力，从而使室内空间具有自然的气氛和意境，满足人们的精神要求。就室内绿化中的绿色植物而言，不论是其形、色、质、味，还是其枝干、花叶、果实，都显示出蓬勃向上、充满生机的力量，引人奋发向上、热爱自然、热爱生活。植物的生长过程，是争取生存及与大自然搏斗的过程，其形态是自然形成的，没有任何掩饰和伪装。它的美是一种自然美，洁净、纯正、朴实无华，即使被人工剪裁，任人截枝斩干，仍能显示其自强不息、生命不止的顽强生命力。因此，人们可以从室内绿色植物中得到启迪，更加热爱生命、热爱自然、净化心灵，并与自然更为融洽。

三、室内陈设配置的方法

选择陈设品时应在风格、造型、色彩、质感等方面精心推敲，以便为室内环境锦上添花。

（一）陈设品的风格

陈设品的风格是多种多样的，它既能代表一个时代的经济技术水平，又能反映一个时期的文化艺术特色。诸如西藏传统的藏毯，其色彩、图案都饱含民族风情；贵州蜡染则表现了西南地区特有的少数民族风格；江苏宜兴的紫砂壶，不仅造型优美、质地朴实，而且还具有浓郁的中国特色。

陈设品的风格选择必须以室内整体风格为依据，具体可以考虑以下两种可能：一是选择与室内风格协调的陈设品，这样不仅可使室内空间产生统一、纯真的感觉，而且也容易达到整体协调的效果。如室内风格是中国传统式的，则可选择仿宫灯造型的灯具和具有中国传统特色的民间工艺品；清新雅致的空间则可选择一些书法、绘画或雕塑等陈设品，灯具也以简洁朴素的造型为宜。二是选择与室内风格对比鲜明的陈设品，它能在对比中获得生动、活泼的效果。但这种情况下陈设品的变化不宜太多，只有少而精的对比才有可能使其成为视觉中心，否则会产生杂乱之感。

陈设品的造型千变万化，它能给室内空间带来丰富的视觉效果。如家用电器简洁且极具现代感的造型，各种茶具、玻璃器皿柔和的曲线，盆景植物婀娜多姿的形态等，都会加强室内空间的形态感。所以在现代室内住宅设计中，应该巧妙运用陈设品千变万化的造型，采用统一或对比的手法，营造生动丰富的空间环境。

陈设品的色彩在室内环境中所起的作用比较大。通常大部分陈设品的色彩都处于"强调色"的地位，可以采用比较鲜艳的色彩，但是如果选用过多的点缀色彩，也可能使室内空间显得凌乱。少部分陈设品，如织物中的床单、窗帘、地毯等，其色彩面积较大，常常作为室内环境的背景色，应考虑与空间界面的协调性。

制作室内陈设品的材质很多，其特点也多种多样，如木质器具的自然纹理、金属器具的光洁坚硬、石材的粗糙、丝绸的细腻等，都会给人带来不同的美感。陈设品的质感选择，应从室内整体环境出发，不可随意选择。原则上对于大面积的室内陈设来说，同一空间宜选用质地相同或类似的陈设，以取得统一的效果。但在布置上可使部分陈设与背景形成质地对比，以在统一之中显示出材料的本色效果。

（二）室内陈设的选择与布置

室内陈设的选择与布置应该从室内环境的整体性出发，在统一之中求变化，遵循以下四点原则。

第一，格调统一，与室内整体环境协调。陈设品的格调应遵从空间环境的主题，与室内整体环境统一，也应与其相邻的陈设、家具协调。

第二，构图均衡，与空间关系合理。陈设品在室内空间所处的位置，要符合整体空间的构图关系，并遵循形式美的原则，如统一变化、均衡对称、节奏韵律等，使陈设品既陈设有序，又富有变化，且具有一定的规律。

第三，有主有次，使空间层次丰富。陈设品的布置应主次分明，重点突出。如精彩的陈设品应重点陈列，使其成为室内空间的视觉中心；相对次要的陈设品，则应处于陪衬地位。

第四，注意效果，便于人们观赏。在布置时应注意陈设品的视觉观赏效果，如墙上挂画的悬挂高度，最好略高于视平线，以方便人们观赏。又如鲜花的布置，应使人们能方便地欣赏到它优美的姿态，品味到它芬芳的气息。

植物世界称得上是一个巨大的王国，由于各种植物自身生长条件的差异，因此对环境有不同的要求。而每个特定的室内环境又反过来要求有不同品种的植物与之配合，所以室内绿色植物的选择依据包括以下五点。

第一，需要考虑建筑的朝向，并需注意室内的光照条件。这对于永久性室内植物尤为重要，因为光照是植物生长最重要的条件。同时室内空间的温度、湿度，也是选用植物必须考虑的因素。因此，季节性不明显、容易在室内成活、形态优美、富有装饰性的植物是室内绿色植物的必备条件。

第二，要考虑植物的形态、质感、色彩是否与室内空间的用途和性质相协调。要注意植物大小与空间体量相适应，要考虑不同尺度植物的不同位置和摆法。一般大型盆栽宜摆在地面上或靠近厅堂的墙、柱和角落，这样做的好处是盆栽的主体接近人们的视平线，有利于观赏它们的全貌；中等尺寸的盆栽可放在桌、柜和窗台上，使它们处在人们的视平线之下，显出它们的总轮廓；小型盆栽可选用美观的容器，放在搁板、柜橱的顶部，使植物和容器作为整体供人们观赏。

第三，季节效果也是值得考虑的因素。利用植物的季节变化形成典型的春花、夏绿、秋叶、冬枝等景色效果，使室内空间产生不同的情调和气氛，使人们获得四季变化的感觉。

第四，室内植物的选用还应与文化传统及人们的喜好相结合。如我国赞荷花"出淤泥而不染，濯清涟而不妖"，以象征高尚的情操；赞竹"未曾出土先有节，纵凌云霄也虚心"，以象征高风亮节的品质；称松、竹、梅为"岁寒三友"，称梅、兰、竹、菊为"四君子"；牡丹象征高贵，石榴象征多子，萱草象征忘忧等。在西方紫罗兰象征忠实永恒，百合花象征纯洁，郁金香象征名誉，勿忘草象征勿忘我。

第五，要避免选用高耗氧、有毒性的植物，其特别不应出现在住宅空间中，以免造成意外。

(三) 住宅内陈设物的摆放

在陈列方式上，可以采用以下四种陈列方式。

第一，墙面陈列。墙面陈列是指将陈设品张贴、钉挂在墙面上的陈列方式。一般情况下，书画作品、摄影作品是室内最重要的装饰陈设品，悬挂这些作品时应该选择完整的墙面和适宜的观赏高度。作为陈设的位置，如果要取得庄重的效果，可以采用对称平衡的手法；如果希望获得活泼、生动的效果，则可以采用自由对比的手法。

绿化的一个作用，就是通过其独特的形、色、质，不论是绿叶还是鲜花，不论是铺地还是屏障，集中布置成片的背景，与其他物品如家具、陈设等形成对比，从而增添空间的趣味性。

垂直绿化通常采用天棚上悬吊的方式，在墙面支架或凸出花台放置绿化，或利用室内顶部设置吊柜、搁板布置绿化，也可利用每层回廊栏板布置绿化等。这样可以充分利用空间，不占用地面，创造绿色立体环境，增加绿化的体量和氛围，并通过成片垂下的枝叶构成似隔非隔、虚无缥缈的美妙情景。

第二，台面陈列。台面陈列主要是指将陈设品陈列于水平台面上的陈列方式。其陈列范围包括各种桌面、柜面、台面等。需强调的是，台面陈列必须与人们的生活行为配合，方便人们随手取用。台面陈列一般需要在井然有序中求取适当的变化，并在许多陈设品中寻求和谐与自然的节奏，以让室内环境显得活泼生动，融合而情浓。

室内绿化除了单独地布置外，还可与家具、陈设、灯具等室内物件结合布置，相得益彰，组成有机整体。

第三，橱架陈列。橱架陈列是一种兼有贮藏作用的陈列方式。可以将各种陈设品统一集中陈列，使空间显得整齐有序，对于陈设品较多的场所来说，是最为实用有效的陈列方式。橱架的造型、风格与色彩等都应视陈列的内容而定。除此之外，还要考虑橱架与其他家具以及室内整体环境的协调关系，力求整体上与环境统一，局部则与陈设品协调。

把室内绿化作为主要陈设并使之成为视觉中心，以其形、色的特有魅力来吸引人们，是许多厅室常采用的一种布置方式。可以布置在厅室的中央；也可以布置在室内主立面，如某些会场中、主席台的前后以及圆桌会议的中心、客厅中心；或设在走道尽端中央等，成为视觉焦点。

边角点缀的布置方式更为多样，如布置在客厅中沙发的转角处，靠近角隅的餐桌旁，楼梯背部，布置在楼梯或大门出入口一侧或两侧、走道边、柱角边等位置。

第四，其他陈列方式。除了上述几种最普遍的陈列方式外，还有地面陈列、悬挂陈列、窗台陈列等方式。例如，对于有些尺寸较大的陈设品，可以直接陈列于地面；窗台陈列应注意窗台的宽度是否足够陈列，否则陈设品易坠落摔坏，同时要注意陈设品的布置不应影响窗户的开关使用。沿窗布置绿化，能使植物接受更多的日照，并形成室内绿色景观，可以做成花槽或低台上置小型盆栽等方式。

山石与水体是除了绿色植物之外最重要的室内绿化构成要素，山石与水体在设计中又是相辅相成的。水体的形态常常为山石所制约。以池为例，或圆或方，皆因池岸而形成；以溪为例，或曲或直，亦受堤岸的影响；瀑布的动势亦与悬崖峭壁有关；石缝中的泉水正因为有石壁作为背景，才显得有情趣。所以在室内绿化中，两者的配置多数结合在一起，所谓"山因水活""水得山而媚"。

第三节　收纳与收纳空间管理

每个家庭都有的巨大负担，是我们偏好的东西及一些物品的附属品，但在现代家居里都没有空间留给这些小东西了。现代的房子多依靠悉心挑选的物品的形状、颜色和表面材料的纹理来打造出一个引人注目的场景。人们的目标应该是极其简化的。但为了达到真正的简约风格，80%～90%的个人物品会被清除，包括家庭照片、传家宝和其他珍视的一闪即逝的物品。

从多数派的平庸中寻找到一条通往现代主义的道路必定是痛苦的，但却是必要的。如果你在第一次尝试极简主义时，达不到完全的极简主义效果也不要泄气。因为就像婴儿学习走路一样，自愿放弃所拥有的全部物品必将是一个充满坎坷和牵绊的过程。但是，你必须坚决将你的物品缩减到最少。之后是储存和收纳必需的物品，例如，内衣、书籍以及种种生活用品。

所谓的"收纳诀窍"，不是将物品收藏起来，而是将生活中的必需物品先整理保管好，以便随时使用。

图 8-21　凹凸有致的电视背景墙可以打造成储物的暗橱

然而，物品并非总是让我们的生活更丰富。有时，它也经常会妨碍我们的生活。为了与物品"相处融洽"，把握购买物品和处理物品之间的平衡关系至关重要。

要尽可能地做到，增加一件物品的同时就要处理掉一到两件物品。而且，在购买之前，务必冷静地判断一下，是真的需要这件物品，还是一时冲动。

"有了它就方便了！"这种想法就是造成购买物品过多的原因之一。我们应该认识到一个事实，那就是在储藏室里堆满了不用的、被收藏起来的物品，而其中通过邮购方式购买的创意产品最多。如此回忆起来，耳边应该会响起电视购物频道不断反复出现的"有了它就方便了"的固定台词。人们常因轻信而购买某件商品，但大多数人最后可能只用了几次。

希望大家能知道，在壁橱的空隙之间，用从十元店买来的东西做成收纳架，这种所谓有效利用空间的"妙招"根本就是治标不治本的。这无异于让坏胆固醇在我们体内不断积聚。

和人体一样，给住宅瘦身的时代已经来临。

为了给住宅瘦身，有比购买创意产品更加方便且聪明的方法，那就需要用到我们的头脑和双手。也就是说，依赖物品之前，先动动我们的脑子进行一下思考，然后运用自己掌握的技术。比如，即使没有占地方的健身器材，运用我们身边常见的椅子和楼梯等生活用具，同样可以解决运动不足的问题。便利的东西有的时候反而变得不方便了，这样的情况有很多。

如果物品不能在需要的时候立即拿出来用，就会失去意义。但是，现在的生活中东西太多，我们不可能记得每件物品的收藏地点，尤其是一些位于柜顶或平时不接触的储物箱（见图8-22）。

图8-22 大大小小、高矮错落的储物格

或许可以尝试以下几种方法。

第一，在设计图上记录重要物品的收纳位置。也就是说，在收纳的平面图上和壁橱上写上收纳的物品名。这样的记录通常很有用。

第二，最近出现了另一种有效的方法，就是用数码相机给壁橱和收纳架拍照，再将这些照片储存在电脑里面。

造成物品增多的元凶，就是总想着"也许什么时候会用到"，然后就将物品收藏起来。像这种被收藏起来的物品，大多数已用不到。物品就是这样慢慢积存起来的。一旦要处理又会让人犹豫不决，不知道该丢掉还是留下。其实在大部分的情况下，即使将其丢掉也不会有太大的影响。

第三，极致的收纳管理技巧，就是妥善整理好"记得住数量"的物品，以便随时都能将其取出。至于记不住的东西，应该大都是不怎么重要的，而且记忆之外的东西，当然也不会经常用到，最终的结果也会是被遗忘在库房和收纳的角落里。

第四节 舍与得

图 8-23 被物品占据的空间

随着经济的高速发展，人们可以很容易地获得"物品"。我们在消费和享受物品的同时，也开始把使用和丢弃物品视为理所当然。随之而来就产生了大量的垃圾，开始影响地球环境。

时代在变化，现在已从消费时代开始进入有效利用、回收物品的时代。

建筑界也已走过拆旧造新的时代。不仅是建筑物，我们也开始珍惜身边所有的物品，这是理所当然的。因此，我们要重新认识在物质缺乏时代培养出的"可惜"观念。

如今我们身边的物质泛滥。放眼望去，起居室里摆着成套家具、电视机、音响、钢琴、电子琴、小茶几，以及其他的收纳家具等。

当然，在生活层面上，应该要有这些必需品。但是，这些物品之中有些不常用的，却因为觉得"可惜"而不肯丢掉。

但偏偏现在的住宅越来越狭小，这种觉得"可惜"的想法，反而导致了一些问题：房间被物品占据，导致人们没有足够的空间舒适地生活。具有讽刺意味的是，很多人买东西本来是想让生活更方便，结果反而造成了生活不便。

曾有设计师遇到过这样的设计案例：

"我想要一个空间来收纳一生都不会使用的重要物品。"

"没有收拾干净，是因为收纳空间不够，因此我要购买收纳家具来放东西。"

"因为不喜欢被物品包围着，于是就需要更多的收纳空间。"

图 8-24　整理物品用统一固定式家具的起居室

图 8-25　利用楼梯空角

图 8-26　可惜的不是东西而是空间

乍一听这些理由好像都很有道理。

"一生都不会使用的重要物品"大概就是古董和充满回忆的纪念品了。但要是想收纳那些已经过时的衣服和不能用的包包、损坏的家具和不能看的电视机等，可能需要好几个古时候盖在大宅院里的仓库才够用。

另外，不管是为了收纳物品而购买家具，还是扩展收纳的空间，由于住宅的面积有限，都会压缩日常生活的空间。

无论是用哪一种形式建造起来的住宅，大部分的空间都会被物品和收纳家具以及收纳空间占据，让每天的生活变得不如意。要是"爱惜东西"算是正当理由的话，房间就会像仓库一样，毫无舒适之感。

物品收着不用，这才是最可惜的。

甚至，这些不用的物品还占据了"空间"，变成另一种"浪费"。

住宅不是仓库，应该是为了我们可以充满活力地生活而存在的。现在物品享有与人一样的待遇，但是我们似乎有必要思考一下，这件物品是否真的值得享有这样的待遇？尤其是对于现在大多在大城市中租房的年轻人来说，相当于每月的房租中有一部分是用来囤积这些闲置物品的。

第九章　营造优质生活氛围

好的住宅是可以带给人优质的生活体验的。优质生活的打造需要合理的室内设计规划，需要阳光、空气和植物，更需要一种对文化和生活的热情。比如对房间里灯具的正确选择，不只要依靠金钱，更需要文化的积淀。

第一节　室内照明设计

室内空间需要通过照明设计来满足照明使用功能的要求和空间氛围的营造。因为有了光人类才能更有效地感知客观世界，所以照明设计的本质是人类模仿控制光，并以最适当的方式将光的机能与目的显示出来，创造出良好的室内气氛。

一、室内照明的类型

（一）**按光照的来源分类：自然照明与人工照明**

自然照明指自然光，人工照明指人造照明工具提供的照明。合理地使用照明器具，巧妙地设计整体照明，会为不同空间营造出舒适惬意的室内光环境，从而满足人们的精神需求。人工照明的设计方法是本节主要研究的照明设计方式。

（二）**按灯具的散光方式分类**

由于灯具的形态不同，有的光源直接暴露在空气中，有的在灯罩之中，多样的灯具种类使光源的散光方式有所不同。下面将列举五种方式，即直接照明、间接照明、漫射照明、半直接照明和半间接照明。

直接照明是指光线通过灯具射出后，使其中90%～100%的光到达工作面上的照明方式。间接照明是将光源遮蔽而产生间接光的照明方式。漫射照明是利用灯具的折射功能来控制光，令光线向四周扩散、漫辐射的照明方式。

半直接照明，是用半透明材料制成的灯罩罩住光源上部，使60%～90%的光集中射向工作面、10%～40%的光经半透明灯罩漫射形成较柔和的光线的照明方式。半间接照明，是把半透明的灯罩装在光源下部，使60%以上的光射向平顶，形成间接光源，10%～40%的光经灯罩向下扩散的照明方式。

(三) 按照明的功能分类

不管何种功能的室内空间，都需要有满足人们活动的照明，只是因为功能的不同对于灯具与照明的要求有所区别。一般照明种类可以依据照明功能分成以下三种。

1. 基础照明

基础照明也称为整体照明，它起着满足人们基本视觉要求的作用。这种照明方式属于空间的基本照明方式，适用于教室、办公室等大多数公共场所。由于空间性质不同，照度要求也不同，如阅览室照度要求就高，走廊、过厅就低些。

2. 重点照明

重点照明也称为局部照明。为了节约、合理使用能源，有些地方没必要整体照明，只在工作需要的地方或需要强调、引人注意的局部布置光源即可。局部照明要根据室内要求的不同，采用不同的局部照明形式，这样才能方便工作并配合室内气氛。例如，配有调光装置的床头灯、落地灯等。

3. 装饰照明

装饰照明是指为美化和装饰某一特定空间而设置的照明。以纯装饰为目的的照明不兼作一般照明和重点照明。这种形式的照明常利用不同的灯具、不同的投光角度和不同的光色，制造出一种特定空间气氛。

二、灯具类型与照明形式

(一) 灯具的类型

室内照明灯具的造型和风格多种多样。在选择灯具时，要考虑其尺度与空间大小的协调，其风格与空间整体风格的一致，其实用功能与空间的用途相符合。总之，要使室内空间与灯具起到相互衬托的作用。

1. 按光源划分

烛光灯。光源温和优美，目前有造型很美的烛具及烛盘。缺点是光源不足，照度不稳定，有眩光感，且燃放二氧化碳，使用时间长了，使用者会感到不适。

白炽灯。指一般灯泡，光源稳定，灯光柔和，光量足，灯具美观，能瞬间开启。缺点是散发热量太大，夏天不宜使用，耗电量大。

荧光灯。指一般日光灯光源，较省电、实用，散热不多。但感觉较清冷，按下开关后要等一两秒钟才亮。目前，有专利发明了瞬间即亮灯，可弥补其不足。

流星管灯。灯泡放于玻璃管内成线状，可用于讲究气氛的场所。

水银灯。色冷，除青绿色的被照物体之外，其他物品都失去原有的色彩。室内少用，庭院中使用较多。

2. 按使用功能划分

按使用功能划分，灯具的类型主要有以下八种：一般照明灯、防水照明灯、防热照明灯、防爆照明灯、防盗用灯、高效率灯具（寿命长）、水中专用灯、防虫用灯（捕虫灯）。

3. 按设计方式划分

可分为露明式、隐藏式和半隐藏式。

4. 按功能划分

机能性应用灯具和装饰性照明灯。视机能需求设计的机能性应用灯具，分为全盘照明、局部照明和两种互用。

5. 按形态划分

按灯具的形态可以分为以下十种。

吸顶灯：直接固定在天花板上，灯具露在天花板下。

嵌灯：灯的大部分嵌入天花板内，有全嵌式、半嵌式及鱼眼灯（天花板及壁板内皆可使用）。

吊灯：自天花板垂吊下来，可分为固定式和伸缩式。

投射灯：向某一方向投射的聚光灯，一般可分为自转、本身固定、按轨道移动三种。

立灯：放在地面上的灯具。

桌灯：放在柜子、桌面、床头橱上。

夹式工作灯：可夹在工作台、桌面上。

继灯：固定在墙面上。

流星灯：垂直安排。

舞台用灯：舞台表演的专用灯具。

（二）照明的形式

常用的照明形式分可为以下六种。

1. 发光顶棚照明

发光顶棚照明形式的特点是，天花板利用乳白色玻璃、磨砂玻璃、晶体玻璃、遮光格栅等透明或半透明漫射材料做成吊顶，在吊顶内安装灯具。当灯光齐明时，整个天花板通明，犹如水晶宫一般。除此之外，还可以将发光顶棚组合成几何纹样，形成韵律感很强的发光顶棚。

发光顶棚常用于会议室、会客厅、商场等场所。例如，很多公共空间的吊顶采用发光顶棚设计，光线柔和且与其设计风格相呼应。

2. 光梁、光带

将顶棚用半透明材料设计成向下凸出的梁状，内置灯具，便称为光梁。将半透明漫射材料与顶棚拼成带状布置时，便称为光带。

利用光梁或光带的不同排列与组合，可以取得意想不到的艺术效果。这种照明的布置方式大多用在公共空间，如办公大厦、会议厅、营业厅等。

3. 光檐

光檐也可称为暗槽，是将光源隐藏于室内四周墙与顶的交界处，通过顶棚和墙反射出来的光线照明。所以按照明方式来分，光檐也是一种间接照明。

4. 内嵌式照明

内嵌式照明是将直射照明灯具嵌入顶棚内，灯檐与吊顶平面对齐。在宾馆、餐厅、酒吧中常将直射照明灯具嵌入顶棚内，以增强局部照明或烘托气氛。这种照明方式多用于顶棚色调较暗的室内，如同天花板出现灿烂群星。在餐厅、舞厅四周下垂的顶棚上，就常嵌入此种灯具。

5. 网状系统照明

网状系统照明指将灯具与顶棚布置成有规律的图案或利用镜面玻璃、镀铬、镀钛构件组成各种格调的灯群，是室内的重要照明形式之一。此种照明方式常出现在大型的空间中，主要体现建筑物的华丽，多用于宾馆、酒楼。

6. 图案化装饰照明

图案化装饰照明是一种用特殊耐用微型灯泡制成的软式线型灯饰，简称串灯组。这一类型的串灯具有柔软、光色柔和艳丽、绝缘性能好、节能、防水、防热、耐寒、安装简单且易于维修等特点，因其可塑性强，可以制作成各式图案或文字。若与控制器配合，可出现灯光闪烁、追逐等特殊灯光效果。但由于其灯光效果较弱，不具备照明功能。这种照明方式多适用于外部灯光造景、商业广告、宾馆、各种文化娱乐场所及旅游商业等处做广告、标志、气氛点缀及渲染之用。

三、室内照明的设计方法

公共空间与住宅空间的功能不同，因此照明要求和设计方法也大不相同。设计师必须科学地配置光源，结合室内风格创造合理的室内光环境。

（一）公共空间的照明设计

公共场所照明的目的是给人创造舒适的视觉环境及良好照度的工作环境，并配合室内的艺术设计起到美化空间的作用。在公共建筑中，室内照明与其他陈设起着控制整个室内空间气氛的作用，所以灯光设计不仅要充分考虑照明的功能要求，还要重视对室内空间气氛的整体把握。

1. 楼梯照明

楼梯间是连接上下空间的主要通道，所以照明必须充足，平均照度不应低于100勒克斯，光线要柔和，应注意避免产生眩光。如果有条件，楼梯的梯面也可安装低亮度的隐藏照明，这样会更安全。

2. 办公室照明

办公空间最好的照明形式是"发光顶棚"或发光带式照明，在办公室和绘图桌上还可添加局部照明。台灯或工作灯一般使用白炽灯，但一定要有遮挡的灯罩，要求均匀透光，以免引起视觉疲劳。

3. 品牌商店照明

品牌商店照明应以吸引顾客、提高销售量为目的，设计中要利用照明工具突出商品的优点和特点以激发顾客的购买欲望。如工艺品、珠宝、手表等，为了使商品光彩夺目，应采用高亮度照明；服装等商品要求照明接近于自然光，以便顾客清晰地识别商品的本来颜色。

4. 餐厅、饭店的照明

餐厅、饭店的灯光要求柔和，不能太亮，也不能太暗，室内平均照度在50～80勒克斯即可。照明方式可采用均匀漫射型或半间接型，餐厅中部可采用吊灯或发光顶棚的照明形式。设计者可以通过对照明和室内色彩的综合设计创造出活跃、舒适的进餐环境。

5. 影剧院的照明

影剧院观众厅的照明方式多采用半直接型、半间接型和间接型，所用灯具多为吊灯、吸顶灯、槽灯和发光顶棚，照度要求平均为80～100勒克斯，能使观众看清节目单就可以了。台口两侧及顶部均应安装聚光灯，乐池中安装白炽灯。休息厅的照明灯多采用吊灯、吸顶灯、壁灯，照度达50～80勒克斯即可。门厅多用吊灯、吸顶灯，因为是人流通过的地区，所以照度要求高。

（二）住宅空间的照明设计

随着生活水平的提高，人们对照明的要求也越来越讲究了，住宅空间只有基本照明已远远不能满足人们的要求了。现在许多局部照明的灯具相继进入人们的居室，如台灯、立灯、壁灯和投影灯等，多样的照明种类、丰富的照明形式组成了现代的家居环境。

如果从视觉性的角度去认识物体的形状和空间，那么不可或缺的便是光线。光线是认识空间最重要的信息媒介。

光和阴影的相互作用创造了宁静之美，但是想在小隔间里将那令人失去知觉的荧光灯饰与黑暗空虚的生活之间找到平衡，也是一件棘手的事情。我们煞费苦心所构建的环境如此人工化，以至于我们无法离开室内照明而走入大自然。为了最大限度地对比，我们将结构性照明的量增大。

图 9-1　光线与投影

电视背景墙上下设照明与装饰品

但是，在规划住宅时，我们的注意力往往集中到住宅的设计以及房间的大小等方面，不知不觉中我们便忽视了有关照明的事宜。

我们不能轻易忽视照明的重要性，因为光线不仅仅让我们从视觉性的角度去认识物体，它还对我们的心理产生极大的影响。

置身于空间之中，只靠光亮是无法让人保持心情舒畅的。而要保持愉悦和宽松的心情，优质的光线不可或缺。

光线有"亮"和"光"这两种说法。"亮"只用来形容明亮，是相对于黑暗的物质性、定量的评价标准。它不涉及人的感受，不是关乎感性的衡量标准。"光"将物体和人物衬托得更加美丽动人，是一种治愈心灵的光线。蜡烛和暖炉的火焰、白炽灯的光线等，都可以归入这一类别。

虽不若"飞蛾扑火"那般执着，但我们却很自然地被灯光所吸引。因为那种晃动的"火焰"，不可思议地俘获了人们的心灵，给人们带来宁静。

图 9-2　屋顶漫射出暖暖的橙黄色灯光 　　图 9-3　与装饰画相辉映的床头灯

我们在考虑照明器具时，容易被其形状和设计迷惑，而忽视了这种照明器具能否投射出优质的光线。

此外，照明的配置和数量是装饰房间的关键。不露光源的间接照明、透过纸或漂亮玻璃的半间接照明所映射出的空间异常美丽（见图 9-4～图 9-6）。落地灯和台灯的光线也将空间衬托得更加迷人（见图 9-9～9-11）。

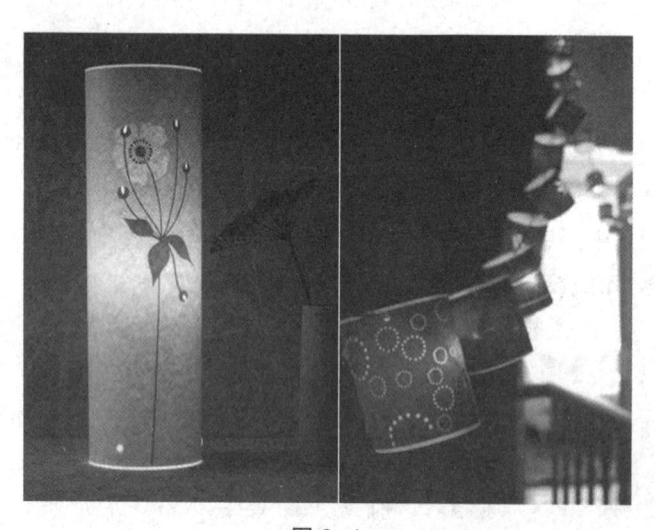

图 9-4

第九章　营造优质生活氛围

图 9-5

图 9-6

正如前面所说，优质的光线在将物体和人物衬托得更加美丽的同时，也会使人们的内心变得柔软。色彩鲜明的绘画和散发出迷人光芒的宝石，需借明亮的灯光照射以凸显其魅力。但如果这种光线不属于有衬托效果的光线，那么它便无法映衬出物体真正的光芒。

烛台灯、吊坠灯、枝形吊灯、灯笼式灯、壁挂灯、嵌入式灯、拱形灯、牵引型灯和悬挂着的光秃秃的灯泡，无论是好是坏，你会发现有一个看似有着无限选择的灯饰的海洋。然而现实情况是，在这之中很少有适合现代家居生活的灯饰。到目前为止，没有比天花板射灯更差的灯饰了，尽管它能够凸显出特定的玻璃柜里的艺术品。

图 9-7　餐桌吊灯很好地烘托了气氛　　　图 9-8　温暖人心又映衬总体风格的优质光亮

图 9-9　玻璃台灯

如果在天花板上挂上向下垂的三重环形荧光灯，使室内透亮，这不仅会使人们无法安心休息，而且还使房间中的摆设显得平淡无奇。毋庸置疑，无论是安静舒适的生活，还是热闹喜悦的生活，蜡烛那样温暖而又柔和的光亮远比荧光灯更加适合这种氛围。

这里以日本的房屋结构为例，因为他们在并不宽裕的空间里总是能激发出人无限的创造力。日本东京房屋结构的特点就是狭长和深远，即房屋的正面入口狭窄，内宅距正门较远。有通庭之称的过渡空间一直往内宅延伸，所到之处都设有庭院，庭院起着通气和采光的作用。日落之后周围便会笼罩在淡淡的昏暗之中，主人却没有马上开灯。

你或许会以为主人是要节约用电，但事实并非如此。

图 9-10　个性落地灯　　　　　图 9-11　孩子房中的瓢虫小夜灯

第九章　营造优质生活氛围

散落在庭院的光线，巧妙地产生不规则的反射，柔和的光线从侧面映照出大家的脸庞，将脸庞映衬得深刻鲜明，产生了一种无法言喻的美。

不知从什么时候开始，住宅中的照明变成了发光效率极佳的荧光灯，而且每个房间的天花板都安有一盏。可惜这种照明除了明亮外，是既没氛围也没情趣的。

说来以往灯笼和火烛的光线位置都很低，与日本京都现如今庭院中从侧面照射进来的光亮有异曲同工之妙。正如某位照明专家所说的那样，稍微降低光线的重心，容易使人放松身心。这个观点和京都庭院的照明设计理念相吻合。

图 9-12　日本京都庭院的照明设计

我们必须开始改变这种观念，即照明必须挂在天花板上。建议大家将照明器具设置为落地灯或台灯那样的低位照明。

在对于家人来说非常特殊的日子里，我们可以尝试用照明改变氛围。当然蜡烛也是一个不错的选择，但是如果利用好身边的各种条件，就可以手工制作简单的照明灯具，使灯光通过各种各样的滤光器转化为优质的光亮。可以使用纸、竹篓，也可以使用塑料的废纸桶和布袋等。

图 9-13　酒瓶灯具

透过滤光器的光线柔和洗练，能够舒缓人的心情，容易营造氛围，让人细诉自己的梦想和爱语。

大家可以尝试去制作简单的照明灯具。这样，房间的氛围以及人的心情都会发生变化。

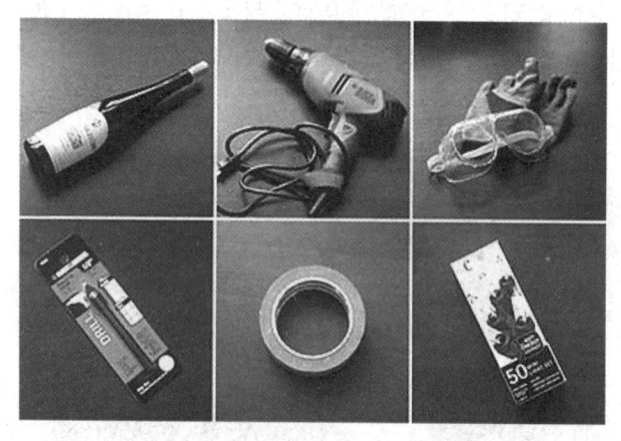

图 9-14　DIY 酒瓶灯具的工具

图 9-15　在酒瓶底部钻出一个孔，然后把小彩灯链塞入其中

图 9-16　酒瓶与灯链的完美配合

以上图 9-13～图 9-16 是酒瓶灯具的制作工具和步骤，大家完全可以自己动手来操作，或者以下几种手工灯也是不错的选择。

图 9-17 简单的麻绳和玻璃瓶也能装饰出自己想要的吊灯

图 9-18 废旧纸板打造的滤光器

第二节　爱护住宅

我们都在互助合作中生活。当他人特别关照自己时，向他人答谢是一种基本礼仪。

我们从家里得到的恩惠数不胜数，能够为我们遮风挡雨、抵挡寒暑的，也只有我们的住宅了。我国春节传统习俗之一的扫尘算是对住宅的一种答谢，但更多的是人们对祛除病疫的自我祈祷。

现在，一般人觉得免维修（即什么都不用做，不用花费精力）的住宅最好。虽然这不是什么坏事，但是笔者却无法认同。

因为这是住宅完全物化、商品化的证据。如果我们对住宅也像对人那样，抱有相同的感情，那么我们的住宅肯定会更加生机勃勃，更加结实耐用。

例如，如果住宅的外墙有损坏的迹象，那么我们就应该对其进行修护。这与人们为了避免生病而进行健康诊断和定期体检是一个道理。

但现在，有多少人会精心呵护自己的住宅呢？的确，住宅只是一种物品。

但是，如果从下面的角度来思考，人们与住宅的互动便会增添各种不同的相处方式。

人们在炎热之时，会打遮阳伞，穿质地轻薄的衣物；寒冷时，会用围巾和暖炉取暖。针对不同的时节，采取不同的措施。

　　同理，为避开炎热的阳光，人们会挂上苇帘，在种满牵牛花的架子旁避暑；如果刮起台风，人们便会用板子紧固门窗；为了防止房顶的瓦片被风掀走，不断来回巡视……人受到住宅的庇护，住宅同样也需要人的帮助。人与住宅相互依存，将这种温暖的关系持续下来。

图 9-19　家是温馨的栖息地

　　但是，现在人们却不用为住宅做任何事情，住宅也不会受到损坏。这究竟是幸运还是不幸呢？人们只想着从住宅中获得东西，却再也不会思考回报住宅什么。

　　人有一种叫人格的东西。而住宅也同人一样，有它们自己的"人格"，即"房格"。对家时常抱有关爱之情，适时修护，那么住宅就会同人一般，成为具备卓越品格和气质的住宅。

第三节　创造半户外空间

　　经济全球化使我们的生活受西方影响很大。与此同时，西方建筑对我们的住宅也产生了影响，之前四合院式的空间形态变得越来越少。

　　带有庭院和厢房的空间是最适合我国风土人情的空间，如果这种空间的种类多样，那么在这种空间中的生活也会变得多样化。

图 9-20　拥有廊檐和草地的半户外空间

室内只能作为内部空间使用，但是半室内、半户外的空间，可以视情况任意调节为内部空间或外部空间使用。而享受这种随意支配空间的感觉会使生活变得多姿多彩。四季变化丰富多彩，除凉亭和廊檐之外，如果可以的话，可将各种过渡领域巧妙地融入住宅中。

举例来说，如果在露台上设置藤架，夏天盖上芦苇，可以遮挡日晒；或加上顶棚，到了下雨天，可以通过简单的操作，将其变身为半户外空间：在下面放一张躺椅，可以用来午睡，使人心旷神怡；随着太阳西沉，夏季的晚风拂面而来，单手拿着啤酒陷入沉思，此情此景，岂不快哉！

若整个房屋都被藤架环绕，落叶植物就会爬满藤架，遮蔽了夏日的阳光，带来凉爽绿荫；植物开花结果之后，还会给居住者带来大自然的馈赠。不过，最有趣的应该还是保持半户外的模式。

图 9-21　利用植物创造半户外空间

半户外空间有过渡领域之称，它给我们的生活带来许多变化。设计时，只要稍微转变一下想法，下一点功夫，就可以轻松利用这些空间。

一般情况下，"挪动""挖洞""拉开"这三个词给人的印象并不好。

但是，这些词在建筑设计的场合，意思却稍有不同。将空间稍微挪动、挖洞、拉开一些，就可以呈现出非常有趣的空间。但是，这个方法关乎结构和成本，虽然不能都付诸实践，但也不是不能实现。

如果觉得这些空间太过"浪费"，而将其都设计成房间，那么这个住宅就会显得单调乏味，毫无情趣。

其实将所有的空间都设计成房间，才真的是"浪费"。建议即便减少一个房间，也要留出这样的半户外空间。

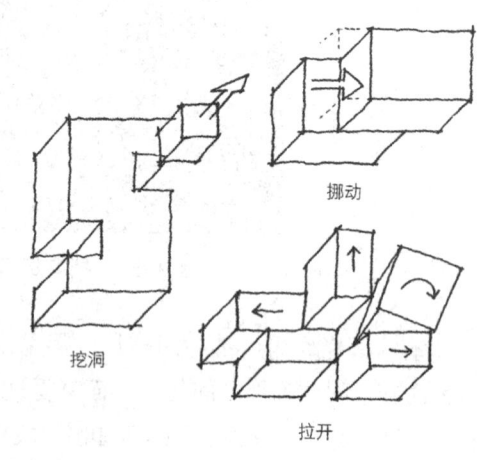

图 9-22　创造半户外空间的三种方法

已限定使用方法的空间，很难再有其他的可能性。但是，没有限定使用方法的空间，在某种意义上，根据个人所下功夫的不同，可以变幻出很多种使用方法。

家人聚在一起各抒己见，讨论如何利用这部分空间，也是一件非常有意义的事，是家人交流的一种体现。

图 9-23　中心城市以外的农家小院

设计师和建筑师经常提倡"把户外设计元素带入室内"，这是一种哲学，它在很大程度上依赖一种假设，那就是假设设计中有一些自然的、随意的东西。如四合院这样的中庭空间和藤架，如今只能在少之又少的地方实现。对于水泥森林中也想拥有半户外空间的屋主来说，他们只能把目光投注于阳台。

图 9-24　花草园艺装点的阳台

墨西哥著名建筑师路易斯·巴拉干说："我从来都不会将建筑、景观与园艺分开来看，对我来说它们是一体的。"所以在高层建筑中的阳台中打造半户外空间也一定离不开园艺。

在只有几平方米的阳台上，想要摆设大量和大型的花花草草是不可能的。但是长久以来，阳台和植物就是绝配，所以为了满足阳台和花草的搭配，可以选用一些创意花盆，既美观又实用。

图 9-25　阳台围栏上美观实用的小花盆 　　图 9-26　水、石为阳台创意装饰的最佳选择，可以打造逼真的园艺效果

上善若水，水有其他东西所无法比拟的灵动。小型水景加上天然的鹅卵石，如果再有一些绿植搭配，你一定会爱上阳台的。

对于带有玻璃窗与外界完全隔离的阳台，也可以将其打造为温馨的休息区。

图 9-27　古朴生动的阳台休息角

图 9-28　灯光是阳台半户外空间的最好修饰

图 9-29　不要让太多装饰品遮挡住阳台的光线，没有光线的阳台不是好阳台，更不会是好的半户外空间

第四节　住宅设计中的文化传承

设计住宅不只是我们的个人行为，同时也是一种社会行为。它涉及景观和交流，是一件非常重要的事情。但是，我们不能忘记另一点，那就是建筑物的修建与传统文化有着极大的关联。当然，并不是要求建筑本身必须具有重要的文化价值，而是指要继承前人一脉相承的传统建筑技术。

林徽因曾在书中写道："中国建筑为东方独立系统，数千年来，继承演变，遍布广大的区域。虽然在思想及生活上，中国曾多次受外来异族的影响，发生很多变异，而中国建筑直至其成熟繁衍的后代，竟仍保存着它固有的构造方法及布置规模；始终没有失掉它原始的面目，形成了一个极特殊、极长寿、极体面的建筑系统。"

中国传统建筑以木架构为主，先从地面立起木柱，在柱子上假设横向的梁柱，再在梁柱上铺设屋顶。所有房屋顶部的重量都由梁柱传到柱子，经过柱子传到地面。骨架承受房屋的所有重量，墙和屋瓦把骨架包裹起来，是房屋的"皮肤"。由于墙体不承重，因此在俗语中有"墙倒屋不塌"之说。常见的木架构有穿斗式和抬梁式两种，如图9-30所示。

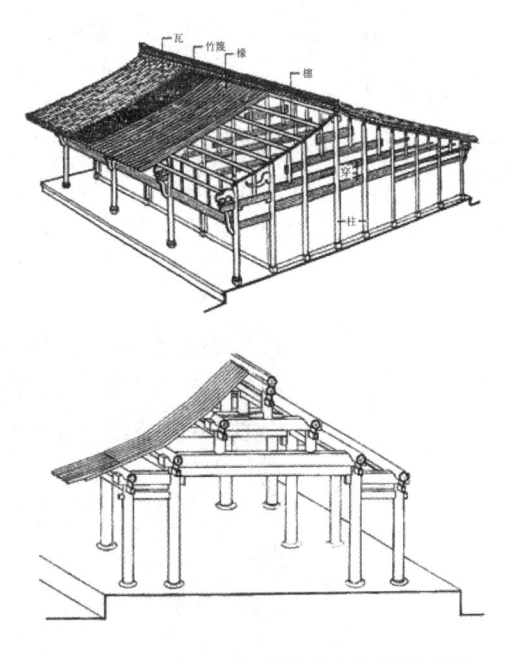

图9-30　穿斗式和抬梁式木架构示意图

北京四合院亲切宁静，有浓厚的生活气息。庭院方阔，尺度适宜，院中莳花置石，是十分理想的室外生活空间。抄手游廊把庭院分成几个大小空间，但分而不隔，互相渗透，增加了层次的虚实映衬和光影对比效果，也使得庭院更符合人的日常生活尺度，创造了亲切的生活氛围。结构谨严的北京四合院所呈现的向心凝聚的精神，正是大多数中国人性格的典型表现。院落对外封闭、对内开敞的格局，既维护了家居生活的宁静与私密性，也满足了中国人亲近自然的需求。

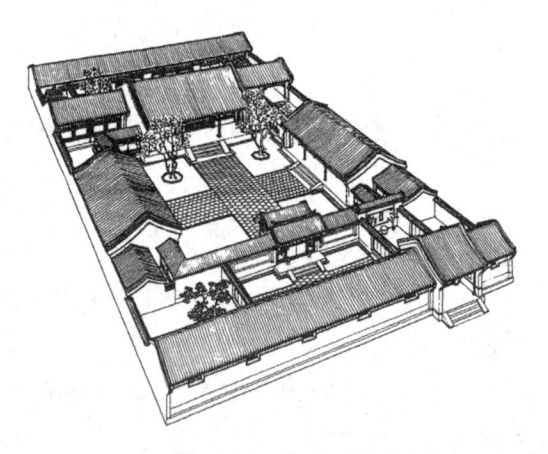

图 9-31　北京四合院

可惜，那些精湛的建筑技术现在已是风前之烛，泥瓦匠这个职业已岌岌可危，说它是濒临灭绝的职业也不为过。

泥土墙对人们来说是再好不过的材料，它有调节湿度、吸收有害物质等效果，可有效预防病态住宅症候群。因其为天然材料，所以对环境无害，能够保护环境。而且在设计方面，它不像其他材料需要设计接口。

图 9-32　大多数土墙房的现状

但是，建造泥土墙的费时费力在建筑施工中是数一数二的。例如，要完成上等的土墙房，正如要"来回涂抹二十四次"那样，需要进行二十四道精细作业。为了让底层、中层、上层工程都完全干燥，不仅要花费技术，还要花费时间以及成本，因此现实中其需求量剧减也是可以理解的。所以那些具备简单、迅速、便宜等特性的事物，受大众欢迎也就不足为奇了。

但如果所有的建筑都停止使用糨糊、订书机，而被便宜、快速、不费精力的方法牵着鼻子走，那么那些珍贵的传统建筑风格以及技术就会渐渐消失。

当下的生活已在不经意间被我们复杂化了，多余而繁复的设计常常会掩盖生活本身的需要，而更加凸显人精神上的空虚。所以，对于真正理解生活本质的现代人来说，他们更赞同内心与外物合一的"返璞归真"的美学主张，这也正是我国文化中最为人称道的部分。

住宅空间，不能仅仅局限于空间中具象的物，更要注重贯穿其中的美学气质和文化底蕴。如图 9-33 ~ 图 9-36 所示的案例中，其开合有序的空间，厚实而朴质的风格，彰显了东方的淳朴底蕴。这些应该是我们在室内设计和建筑规划时，应该秉承的理念。同时，这更是我们在建造和设计住宅时应履行的义务和责任。

图 9-33　新中式优雅风格书房展示

图 9-34　新中式优雅风格小会客室展示

巧妙的住宅室内设计与应用研究
——以日本住宅为例

图 9-35　新中式优雅风格餐厅展示　　图 9-36　新中式优雅风格走廊展示

参考文献

[1] 马澜. 室内设计 [M]. 北京：清华大学出版社，2012.
[2] 冯柯. 室内设计原理 [M]. 北京：北京大学出版社，2010.
[3] 盖永成. 室内设计思维创意 [M]. 北京：机械工业出版社，2011.
[4] 苏丹. 住宅室内设计 [M]. 北京：中国建筑工业出版社，2011.
[5] 吕微露，张曦. 住宅室内设计 [M]. 北京：机械工业出版社，2011.
[6] 朱淳，王纯，王一先. 家居室内设计 [M]. 北京：化学工业出版社，2014.
[7] 丁斌. 室内设计表现技法 [M]. 上海：上海人民美术出版社，2008.
[8] 彭亮. 家具设计与工艺 [M]. 北京：高等教育出版社，2005.
[9] 庄夏珍. 室内植物装饰设计 [M]. 重庆：重庆大学出版社，2006.
[10] 朱象贤，方小壮. 中华生活经典：印典 [M]. 方小壮，编著. 北京：中华书局，2011.
[11] 吴欣，柯律格，包华石，等. 山水之境：中国文化中的风景园林 [M]. 北京：生活·读书·新知三联书店，2015.